全国职业院校课程改革/融合媒体教材

新编计算机组装与维护

主　编　高加琼　韩文智　谢文彩
副主编　骆文亮　袁　超　邓小农
　　　　廖茂淋　程　昊

电子工业出版社
Publishing House of Electronics Industry
北京·BEIJING

内 容 简 介

本书根据计算机相关专业的培养目标、特点、要求，以及计算机技术的最新发展，详细介绍了计算机系统的组件，包括主板、CPU、内存、显卡、外设等的组成及工作原理与基本性能参数；系统讲解了计算机的硬件选购，微型计算机的组装、维护保养，以及 BIOS 设置、系统性能优化、主流操作系统的安装、调试，常见故障处理等内容。

本书内容新颖、图文并茂，面向实践与应用，适合作为高职高专计算机及其相关专业计算机组装与维护课程的教材，也可作为从事计算机组装与维护技术人员的参考书。

未经许可，不得以任何方式复制或抄袭本书之部分或全部内容。
版权所有，侵权必究。

图书在版编目（CIP）数据

新编计算机组装与维护 / 高加琼，韩文智，谢文彩主编．—北京：电子工业出版社，2020.8
ISBN 978-7-121-39420-1

Ⅰ．①新… Ⅱ．①高… ②韩… ③谢… Ⅲ．①电子计算机－组装－高等职业教育－教材②计算机维护－高等职业教育－教材 Ⅳ．①TP30

中国版本图书馆 CIP 数据核字（2020）第 154960 号

责任编辑：祁玉芹
印　　刷：中国电影出版社印刷厂
装　　订：中国电影出版社印刷厂
出版发行：电子工业出版社
　　　　　北京市海淀区万寿路 173 信箱　邮编：100036
开　　本：787×1092　1/16　印张：14　字数：341 千字
版　　次：2020 年 8 月第 1 版
印　　次：2022 年 1 月第 2 次印刷
定　　价：33.30 元

凡所购买电子工业出版社图书有缺损问题，请向购买书店调换。若书店售缺，请与本社发行部联系，联系及邮购电话：（010）88254888，88258888。

质量投诉请发邮件至 zlts@phei.com.cn，盗版侵权举报请发邮件至 dbqq@phei.com.cn。
本书咨询联系方式：qiyuqin@phei.com.cn。

在信息技术高速发展的今天，人们的日常生活、工作都离不开计算机，计算机在现代生活和各行各业中发挥着巨大的作用。但在使用过程中，人们经常会遇到各种各样的问题，如文件丢失、数据被破坏、系统无法正常启动等，给使用者带来了很多不便。因此，伴随着计算机软件与硬件技术的快速发展，迫切要求高职高专计算机专业教育与时俱进，只有这样才能适应社会对计算机技术人才越来越高的要求。

本书凝聚了作者多年的专业工作经验和一线的教学实践经验，以通俗易懂的语言，突出"实践性、实用性、创新性"，在内容编排上尽量做到既体现计算机组装与维护的工作流程，又体现"在做中学，在学中做"的"教、学、做一体化"的教学理念。在内容的选取上以新的硬件产品作为实例，详细讲授了最新计算机各部件的分类、性能、选购及组装方法，软件的安装和常见故障的维护及处理方法、计算机的性能优化、计算机日常维护和保养等，使读者掌握计算机的硬件组成和结构，以及有关硬件设备的性能和技术参数，学会自己选购各种配件进行组装且正确、合理地使用，并能够进行系统的日常维护，进而自己动手排除计算机使用过程中的常见故障。

本书既是高职高专计算机专业的教材，又可作为各大、中专院校计算机组装与维护课程的教材和各类培训班的培训资料，也是广大计算机用户的实用参考用书。

本书由四川职业技术学院计算机科学系长期从事"计算机应用基础""计算机组装与维护"等课程教学的一线教师合作编写，其中韩文智编写项目一，廖茂淋编写项目二，程昊编写项目三，骆文亮编写项目四，邓小农编写项目五，高加琼编写项目六，袁超编写项目七。全书由高加琼、韩文智、谢文彩负责统编定稿。

全体人员在编写过程中付出了辛勤的劳动，同时书中部分内容参考了网络资料，由于参考内容来源广泛，篇幅有限，恕不一一列出，在此一并表示衷心的感谢！

由于计算机发展速度很快，尽管我们付出了最大的努力，但书中难免会有不妥之处，欢迎各界专家和读者朋友来信给予宝贵意见，我们将不胜感激。您在使用本书时，如发现任何问题或不认同之处，可以与我们取得联系。

请发送 E-mail 至：gjq_2022@163.com

编　者

2020 年 3 月

项目一　走进计算机的世界 ································· 1

任务一　电子计算机的发展 ································· 2
1.1　探寻计算机之父 ································· 2
1.2　电子计算机的发展 ································· 6
1.3　微型计算机的发展 ································· 7

任务二　计算机系统组成 ································· 8
1.4　硬件系统 ································· 9
1.5　软件系统 ································· 12

任务三　现代微型计算机的分类 ································· 16
1.6　服务器 ································· 16
1.7　图形工作站 ································· 16
1.8　台式机 ································· 16
1.9　便携机 ································· 17
1.10　手持机 ································· 17

项目小结 ································· 17
思考与练习 ································· 18
实训 ································· 18

项目二　计算机的硬件设备 ································· 19

任务一　中央处理器（CPU） ································· 20
2.1　CPU 概述 ································· 20
2.2　CPU 的结构组成 ································· 20
2.3　CPU 的性能指标 ································· 21
2.4　主流 CPU 架构的分析 ································· 25
2.5　CPU 的选购常识 ································· 26

任务二　主板 ································· 27
2.6　主板概述 ································· 27
2.7　主板的分类 ································· 28
2.8　主板的结构 ································· 32
2.9　主流主板芯片组 ································· 42

  2.10 主板选购常识 ··· 45

 任务三 内部存储器 ··· 47

  2.11 内存概述 ·· 47
  2.12 内存的分类 ·· 48
  2.13 内存条的结构 ·· 53
  2.14 主流内存条的品牌 ··· 54
  2.15 内存条的选购常识 ··· 54

 任务四 外部存储器 ··· 55

  2.16 外部存储器概述 ··· 56
  2.17 机械硬盘的结构及性能指标 ·· 56
  2.18 固态硬盘的结构及性能指标 ·· 58
  2.19 移动存储器简介 ··· 60
  2.20 主流外部存储器的配置 ··· 62
  2.21 外部存储器的选购常识 ··· 63

 任务五 显卡与显示器 ·· 64

  2.22 显卡概述 ·· 64
  2.23 显卡的结构 ·· 65
  2.24 显卡的工作原理及主要技术参数 ·· 69
  2.25 显示器概述 ·· 70
  2.26 液晶显示器的工作原理 ··· 70
  2.27 液晶显示器的性能指标 ··· 72
  2.28 显卡与显示器的选购常识 ··· 76

 任务六 其他设备 ·· 78

  2.29 机箱与电源概述及选购常识 ·· 78
  2.30 键盘与鼠标概述及选购常识 ·· 81
  2.31 网卡与路由器概述及选购常识 ·· 84
  2.32 耳机与音响概述及选购常识 ·· 89
  2.33 打印机与扫描仪概述及选购常识 ·· 91

 项目小结 ··· 95
 思考与练习 ··· 95
 实训 ·· 96

项目三 微型计算机的组装 ·· 97

 任务一 计算机组装前的准备工作 ·· 98

  3.1 准备组装工具 ·· 98
  3.2 组装计算机的注意事项 ··· 100

 任务二 安装步骤 ·· 101

  3.3 安装 CPU ·· 102
  3.4 安装散热器 ·· 103
  3.5 安装内存条 ·· 105

  3.6 安装主板和电源 ·· 105
  3.7 安装硬盘和光驱 ·· 108
  3.8 安装显卡 ·· 108
  3.9 连接线缆、外部设备 ··· 109
  3.10 通电测试 ··· 111
 项目小结 ··· 112
 思考与练习 ·· 112
 实训 ··· 112

项目四 操作系统的安装 ·· 113

 任务一 BIOS 设置与硬盘分区 ·· 114
  4.1 BIOS 概述 ··· 114
  4.2 BIOS 设置 ··· 115
  4.3 硬盘分区概述 ·· 117
  4.4 硬盘分区及格式化 ··· 117
 任务二 安装操作系统 ··· 119
  4.5 操作系统概述 ·· 120
  4.6 制作启动盘 ··· 120
  4.7 操作系统的安装方法 ·· 122
  4.8 连接网络 ·· 127
 任务三 操作系统的备份与还原 ······································· 130
  4.9 操作系统的备份 ··· 130
  4.10 操作系统的还原 ·· 133
 任务四 安装驱动程序 ··· 134
  4.11 驱动程序概述 ··· 134
  4.12 驱动程序的安装方法 ······································ 135
 项目小结 ··· 137
 思考与练习 ·· 137
 实训 ··· 138

项目五 计算机操作系统的优化 ·· 139

 任务一 系统维护 ·· 140
  5.1 使用"360 安全卫士"对计算机进行维护和优化 ········ 140
  5.2 使用"火绒安全"软件对系统进行维护和优化 ········· 143
 任务二 软件的下载与卸载 ··· 148
  5.3 软件下载 ·· 148
  5.4 软件卸载 ·· 152
 任务三 个人数据备份 ··· 154
  5.5 本地备份 ·· 154
  5.6 网盘备份 ·· 155

5.7　移动存储备份 ··· 156
　项目小结 ··· 157
　思考与练习 ··· 158
　实训 ··· 158

项目六　常见故障检测与处理 ··· 159

　任务一　故障处理概述 ··· 160
　　6.1　故障处理总体思路 ·· 160
　　6.2　排除故障前的准备工作 ·· 161
　任务二　计算机硬件故障的检测与处理 ································· 161
　　6.3　计算机硬件故障的查找方法 ····································· 161
　　6.4　计算机硬件故障产生的原因 ····································· 163
　　6.5　计算机硬件故障的分类 ·· 164
　任务三　计算机常见故障的分析及处理方法 ························· 165
　　6.6　计算机常见硬件故障及处理方法 ······························ 165
　　6.7　计算机软件故障的分析及处理方法 ·························· 170
　　6.8　计算机网络故障及处理方法 ····································· 174
　项目小结 ··· 176
　思考与练习 ··· 176
　实训 ··· 176

项目七　计算机的日常维护与保养 ·· 177

　任务一　计算机硬件的日常维护 ··· 178
　　7.1　计算机的工作环境 ·· 178
　　7.2　计算机硬件的维护保养 ·· 179
　　7.3　计算机的定期清洁 ·· 182
　　7.4　笔记本电脑硬件的维护保养 ····································· 183
　任务二　计算机软件的日常维护 ··· 186
　　7.5　修复系统漏洞 ··· 186
　　7.6　数据备份与数据恢复 ··· 189
　　7.7　查杀计算机病毒 ·· 205
　任务三　计算机网络的日常维护 ··· 210
　　7.8　网络设备维护 ··· 210
　　7.9　网络安全维护 ··· 212
　项目小结 ··· 215
　思考与练习 ··· 215
　实训 ··· 215

参考文献 ··· 216

项目一

走进计算机的世界

项目导入：

计算机是 20 世纪最伟大的科学技术发明之一，它是能够快速对各种数字信息进行算术和逻辑运算的电子设备。如今，计算机已经应用于社会的各个领域，不仅使我们的生活更加便利，也使工作更加高效。本项目将一起探寻计算机的发展、组成和分类。

学习目标：

1. 了解计算机的发展史。
2. 了解计算机硬件和软件的概念及其关系。
3. 了解计算机硬件各个组成部分及其作用。
4. 了解和预测计算机未来的发展方向。

任务一 电子计算机的发展

任务分析：

近代科学技术的发展对计算精度和计算速度的要求不断提高，原有的计算机工具已无法满足应用的需求，促使人们研究和创造了新型的计算机工具。本任务将介绍电子计算机的发展，为后续计算机的学习做铺垫。

1.1 探寻计算机之父

1. 查尔斯·巴贝奇

查尔斯·巴贝奇（Charles Babbage）（如图1-1-1所示）英国发明家、数学家，参与创建了英国天文学会和统计学会，开创了科学管理学科，是计算机科学的先驱。巴贝奇出生于英格兰得文郡（Devon Shire）一个富有的家庭，父亲是一位出色的银行家，巴贝奇后来继承了相当丰厚的遗产，但他把相当数量的金钱用于了科学研究。童年时代的巴贝奇显示出极高的数学天赋，考入剑桥大学后，他发现自己掌握的代数知识甚至超过了老师。

差分机的制造为巴贝奇带来了巨大声誉，所谓"差分"就是把函数表的复杂算式转化为差分运算，用简单的加法运算代替平方运算。1812年，20岁的巴贝奇从法国人杰卡德发明的提花编织机上获得了灵感，让差分机能够按照设计者的意图，自动处理不同函数的计算。巴贝奇耗费了整整十年光阴，于1822年完成了第一台差分机（如图1-1-2所示），它可以处理3个不同的5位数，计算精度达到6位小数。

图1-1-1 查尔斯·巴贝奇

图1-1-2 差分机

由于当时工业技术水平较低，第一台差分机从设计绘图到机械零件加工，都是巴贝奇亲自动手完成的。成功的喜悦激励着巴贝奇，他连夜奋笔上书英国皇家学会，要求政府资助他建造第二台运算精度为20位的大型差分机。然而，第二台差分机在机械制造过程中，因为主要零件的误差达不到每英寸千分之一的高精确度,以失败告终,但他把全部设计图纸和已完成的部分零件送进了伦敦皇家学院博物馆。

1834年,巴贝奇发表的论文中提出了一种新的计算机器分析机的设计思想,其包含数据存储库、运算室、控制装置,由于资金和技术方面的原因,一直到巴贝奇去世,分析机(如图1-1-3所示图样)都没有被制造出来。100年以后,哈佛大学的物理学博士霍华德·艾肯在图书馆查资料时,无意间发现了巴贝奇的论文,他发现这个思想仍然具有很强的实用价值,于是艾肯决定在分析机的思想上,制造一台计算机器,最终于1944年,艾肯制造出世界上第一台机械电子式计算机。这台计算机沿用了分析机的机械结构和电子电路技术,它的问世对社会造成了极大的震动,此后有很多科学家、工程师和企业纷纷开始了对计算机的研制,掀起了计算机研究和制造的热潮。

图1-1-3 分析机图样

2. 艾伦·麦席森·图灵

艾伦·麦席森·图灵(Alan Mathison Turing)(如图1-1-4所示)英国数学家、逻辑学家,被誉为"计算机科学之父","人工智能之父"。1931年图灵进入剑桥大学国王学院,毕业后到美国普林斯顿大学攻读博士学位,在美国期间和几位科学家讨论技术问题时,为了表达自己的观点,图灵发表了一篇论文《论数字计算在决断难题中的应用》,他提出了一种理论上的机器——有限状态自动机,后来这种机器被人们称为图灵机(如图1-1-5所示)。图灵机能够对问题进行具体分析,设计出合理的算法,并根据算法设置好运行规则,同时在纸袋上存储初始数据,就可解决任何一个数学问题。图灵机对计算机科学有着重要的贡献,它证明了通用计算机理论,揭示了计算机的工作模式和主要架构,引入了读写、算法与程序语言的概念。图灵机就是计算机的雏形。第二次世界大战爆发,图灵回到英国为国效力,曾协助军方破解德国的著名密码系统Enigma,为盟军取得第二次世界大战的胜利做出了贡献。战争结束后,图灵回到大学进行研究工作,发表了论文《机器能思考吗》并提出了一个名词"人工智能",后来发展成为计算机科学的一个重要分支。图灵提出测试"人工智能"的方案,后来被称作"图灵测试"(测试者向一个机器和一个自然人提出一系列问题,如果根据双方的回答,不能辨别谁为机器,则这个机器应被视为有智能的),他为所有致力于从事人工智能研究的科学家指明了方向。1966年美国计算机协会(ACM)设立了一个计算机界的奖项,为了纪念图灵的卓越贡献,将其命名为"图灵奖",专门奖励那些对计算机事业做出重要贡献的个人。图灵奖对获奖条件要求极高,因此,有"计算机界的诺贝尔奖"之称。

图 1-1-4　艾伦·麦席森·图灵

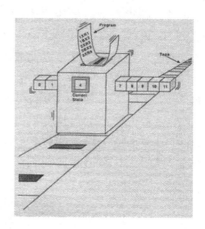

图 1-1-5　图灵机

3. 约翰·阿塔那索夫

约翰·阿塔那索夫(John Vincent Atanasoff)(如图 1-1-6 所示),保加利亚移民的后裔,1903 年 10 月 4 日出生于美国纽约州哈密尔顿,是保加利亚科学院外籍院士。他曾获得"计算机先驱奖",1990 年 IEEE 授予的"电气工程里程碑奖"(Electrical Engineering Milestone)、美国"全国技术奖章"。他还在 1970 年,获得保加利亚政府授予的 Bulgarian Order of Cyril and Methodius,First Class。1978 年,他入选爱荷华州(Iowa)发明家名人堂。1983 年,爱荷华州立大学校友会授予他杰出成就奖。

20 世纪 30 年代,阿塔那索夫在爱荷华州立大学物理系任副教授,在为学生讲授如何求解线性偏微分方程组时,繁杂的计算需消耗大量的时间。阿塔那索夫于是

图 1-1-6　约翰·阿塔那索夫

开拓新的思路,探索运用数字电子技术进行计算工作的可能性,与其合作者克利福特·贝瑞(Clifford Berry,当时还是物理系的研究生)成功研制了第一台电子计算机的试验样机。这台计算机帮助爱荷华州立大学的教授和研究生们解算了若干复杂的数学方程。阿塔那索夫把这台机器命名为 ABC(Atanasoff-Berry-Computer),其中,A、B 分别取两人姓氏的第一个字母,C 即"计算机"的首字母。在 1973 年以前,大多数美国计算机界人士认为,电子计算机发明人是宾夕法尼亚大学莫尔电气工程学院的莫奇利(Mauchly,John William)和埃克特(Eckert,John Presper),因为他们是第一台电子计算机 ENIAC(埃尼阿克)的研制者。关于电子计算机的真正发明人是谁,阿塔那索夫、莫奇利和埃克特曾经打了一场旷日持久的官司,法院开庭审讯 135 次。最后由美国的一个地方法院做出判决,莫奇利和埃克特没有发明第一台计算机,只是利用了阿塔那索夫发明中的构思。

ENIAC(Electronic Numerical Integrator and Computer)曾一直被许多人认为是世界上

第一台真正意义上的电子计算机，国内的许多书籍也如此表述。ENIAC 于 1943 年开始制造，完成于 1946 年 2 月，但是它的设计思想基本来源于 ABC，只是采用了更多的电子管，其运算能力更强大，主要用于计算弹道，莫奇利和埃克特制造完 ENIAC 后就立刻申请了美国专利，就是这个专利导致 ABC 和 ENIAC 之间长期的"世界第一台电子计算机"之争。比较客观的结论是，世界上第一台通用电子数字计算机是由阿塔那索夫设计，并由莫奇利和埃克特完全研制成功的。国际计算机界公认的事实是：第一台电子计算机真正发明人是约翰·阿塔那索夫，他在国际计算机界被誉为"电子计算机之父"。

4. 约翰·冯·诺依曼

约翰·冯·诺依曼（John von Neumann）（如图 1-1-7 所示）著名匈牙利裔美籍科学家，在计算机、博弈论、代数、集合论、测度论、量子理论等诸多领域里做出了开创性的贡献，被后人誉为"计算机之父"和"博弈论之父"。

冯·诺依曼是计算机体系结构的奠基者，他提出了计算机的体系结构，从提出到现在，尽管计算机的技术和性能等各方面发生了巨大的变化，但是其体系结构还是沿用了冯·诺依曼的体系结构。

冯·诺依曼早期是以算子理论、共振论、量子理论、集合论等方面的研究闻名的，开创了冯·诺依曼代数。第二次世界大战期间为第一颗原子弹的研制做出了贡献，在 1943 年他加入了美国军方的"曼哈顿计划"，即参与原子

图 1-1-7　约翰·冯·诺依曼

弹的研发工作，其主要工作是研制能够将钚核装料压缩至临界质量的炸药透镜，这种内爆式设计的评估需要求解大量的方程，于是冯·诺依曼开始前往哈佛大学、贝尔实验室和阿伯丁等地方了解高速计算机的发展情况，他多次来回穿梭于各地研究中心和实验室，也像是一只蜜蜂一样将自己在各个地方采集到的想法传播给不同的团队。有一次，参与研发 ENIAC（电子数字积分计算机）的陆军联络官赫尔曼·戈德斯坦上尉恰好在阿伯丁火车站的月台上碰见了冯·诺依曼，在戈德斯坦的邀请下他成为 ENIAC 团队的顾问。冯·诺依曼在几天之后来到宾夕法尼亚大学观摩了正在建造的 ENIAC。当时，ENIAC 可以在一个小时之内求解一道偏微分方程，而哈佛"马克一号"则需要花费 80 个小时，这点深深地打动了冯·诺依曼。在宾夕法尼亚大学忙碌工作了 10 个月之后，冯·诺依曼收集和整理自己的想法，主动提出将 ENIAC 团队讨论的内容以书面形式汇总起来，并于 1944 年～1945 年年初形成了"存储程序计算机"概念，他在开往洛斯阿拉莫斯的长途列车上开始撰写这份报告。当戈德斯坦上尉将这份报告打印成文时，最终长达 101 页，这份"报告初稿"具有非常高的实用价值，它引领了后来的计算机发展。同时，冯·诺依曼与摩根斯特恩（Oskar Morgenstern）合著的《博弈论与经济行为》成为博弈论学科的奠基性著作。他的主要著作有《量子力学的数学基础》《计算机与人脑》《经典力学的算子方法》《博弈论与经济行为》《连续几何》等，冯·诺依曼对人类的最大贡献是对计算机科学、数值分析和经济学中的博弈论进行了开拓性的工作。

1.2 电子计算机的发展

1. 计算机的发展阶段

根据计算机采用的物理器件，一般将计算机的发展分为以下四个阶段。

（1）第一代计算机（1946—1957年）

第一代计算机采用的主要元件是电子管，称为电子管计算机。

（2）第二代计算机（1958—1964年）

第二代计算机采用的主要元件是晶体管，称为晶体管计算机。

（3）第三代计算机（1965—1970年）

第三代计算机采用中小规模的集成电路元件。

（4）第四代计算机（1971—现在）

第四代计算机采用大规模和超大规模集成电路元件。1971年微型计算机（微机）诞生，其特点是体积小、集成度高。它标志着大规模集成电路被广泛使用。

> **温馨提示**
>
> 第五代计算机是把信息采集、存储、处理、通信同人工智能结合在一起的智能计算机系统，科研人员会不断地进行研究和实验，做出更加先进的计算机。

2. 未来的新型计算机

未来的新型计算机主要包括以下三种。

（1）光子计算机

光子计算机是利用光束取代电子进行数据运算、传输和存储的计算机。它的数据密度可以做得非常高，从而在数据的存储和运算上具有一定的优势。

（2）生物计算机

生物计算机是采用由生物工程技术产生的蛋白质分子构成的生物芯片进行数据运算、传输和存储的计算机。

（3）量子计算机

量子计算机是利用处于多现实态下的原子进行运算的计算机，这种多现实态是量子力学的标志。

以上三种计算机中，量子计算机的发展比较成熟，已经有了商用机型，光子计算机和生物计算机仍处于芯片的研究阶段，这三种计算机离广泛应用都还有一定的距离。

3. 计算机技术的发展方向

从类型上看，电子计算机技术正在向巨型化、微型化、网络化和智能化方向发展。

（1）巨型化

巨型化是指计算机的计算速度更快、存储容量更大、功能更完善、可靠性更高，其运算速度可达每秒万万亿次,存储容量超过几百T字节。巨型机的应用范围如今已日趋广泛，在航空航天、军事工业、气象、电子、人工智能等几十个学科领域发挥着巨大作用,特别是在尖端科学技术和军事国防系统的研究开发中,体现了计算机科学技术的发展水平。目前我国最著名的巨型计算机之一的神威系列,如图1-1-8所示。

（2）微型化

计算机的微型化不但可以降低计算机的成本和售价,也可以拓展计算机的使用领域。微型计算机从过去的台式机迅速向便携机、膝上机、掌上机、可穿戴设备等方向发展,其价格低廉、操作方便的特点,使其受到人们的青睐。同时作为工业控制过程的心脏,计算机的微型化使仪器设备实现了"智能化"。

图1-1-8　神威·太湖之光

（3）网络化

网络化指利用现代通信技术和计算机技术,把分布在不同地点的计算机互联起来,按照网络协议互相通信,以便各用户之间可以相互通信并能使用公共的资源。今天的网络化指分布式处理或云计算。计算机网络已在交通、金融、企业管理、教育、电信、商业、娱乐等各行各业中得到了广泛应用。

（4）智能化

智能化指计算机模拟人的感觉和思维过程的能力,它是计算机发展的一个重要方向。智能计算机具有解决问题和逻辑推理的功能,以及知识处理和知识库管理的功能等。未来的计算机将能接受自然语言的命令,是有视觉、听觉和触觉的功能,可能不再有计算机的外形,其体系结构也会有所不同。人工智能取得今天的发展,主要依赖于机器学习的新技术,其内容包括数据挖掘、模式识别、计算机视觉、自然语言处理等多个方面。目前机器学习较成熟的应用是无人驾驶技术,集合了人工智能发展的前沿学科,综合体现了信息技术的水平,现在无人驾驶汽车已在很多国家进行了路上测试,很快就会进入人们的生活。

此外,机器翻译也是人工智能代表性的成熟应用,它是对自然语言进行处理的一种技术,利用机器翻译、语音识别和计算机视觉等技术相结合产生了多种应用。目前已研制出的机器人有的可以代替人从事危险环境的劳动,有的能与人下棋等,都从本质上扩充了计算机的能力,使计算机成为可以越来越多地替代人思维的电脑。

1.3　微型计算机的发展

随着集成度更高的超大规模集成电路技术的出现,使计算机朝着巨型化和微型化两个方向发展,尤其是微型计算机,自1971年第一片微处理器Intel 4004诞生,便异军突起,以迅猛的气势渗透到工业、教育、生活等许多领域之中。以1981年出现的IBM-PC机为代表,标志了微型计算机时代的来临。微型计算机的体积轻巧、操作方便,且性能价格比恰当,使计算机从实验室和大型计算中心进入人们的日常工作和生活中,为计算机的普及做出了巨大贡献。

由于微处理器决定了微型计算机的性能，根据微处理器的位数和功能，可将微型计算机的发展划分为以下四个阶段。

1. 4位微处理器

4位微处理器的代表产品是Intel 4004及其构成的MCS-4微型计算机。该类微型计算机的时钟频率为500～800KHz，数据线和地址线均为4～8位，使用机器语言和简单汇编语言编程，主要应用于家用电器、计算器和简单的控制等。

2. 8位微处理器

8位微处理器的代表产品是Intel 8080、Intel 8085，Motorola公司的MC6800、Zilog公司的Z80、MOS Technology公司的6502微处理器。较著名的微型计算机有以6502为中央处理器的APPLE Ⅱ微型机、以Z80为中央处理器的System-3。该类微型计算机的时钟频率为1～2.5MHz，数据总线为8位，地址总线为16位，并配有操作系统，可使用FORTRAN、BASIC等多种高级语言编程，主要应用于教学和实验、工业控制和智能仪表。

3. 16位微处理器

16位微处理器的代表产品为Intel 8086及其派生产品Intel 8088等，其中以Intel 8088为中央处理器的 IBM PC 系列微型计算机最为著名。该类微型计算机的时钟频率为 5～10MHz，数据总线为8位或16位，地址总线为20位。

4. 32位及以上微处理器

32位微处理器（超级微型计算机）的代表产品是Intel 80386DX、Intel 80486。该类微型计算机的时钟频率为16～100MHz，数据总线为32位，地址总线为32位，其应用扩展到计算机辅助设计、工程设计、排版印刷等方面。

从80586（Pentium）开始，Intel处理器进入"64位时代"，数据位为64位，地址线的使用方式也与之前的Intel处理器不同，做了重大调整。并在随后生产了赛扬、酷睿等多款、多系列产品。

任务二　计算机系统组成

任务分析：

本任务需要了解计算机硬件和软件的概念及其关系。知道计算机硬件的各个组成部分及作用，以及存储器和软件的分类，激发读者学习计算机基础知识的兴趣和积极探究的精神。

一个完整的计算机系统是由硬件系统和软件系统两部分组成的，如图1-2-1所示，其中计算机硬件是指计算机的物理设备，计算机软件是指为运行管理和维护计算机而编制的各种程序、数据和文档的总称。计算机硬件是计算机系统的基础，只有硬件系统的计算机叫裸机。计算机软件要与硬件系统配合才能充分发挥计算机的功能。

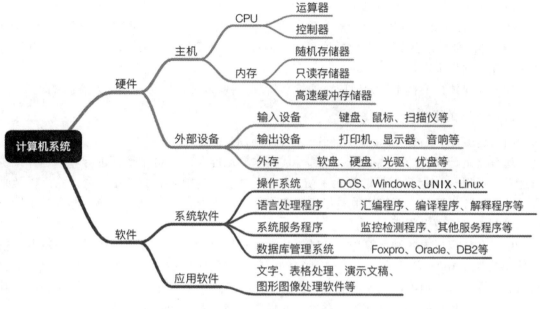

图 1-2-1　计算机系统的基本组成

1.4　硬件系统

1.4.1　总线结构

总线指计算机中各功能部件之间传送信息的通道，采用总线结构的优点：①交换信息、简化链接、方便制造、提高计算机的可靠性；②便于实现硬件扩充，以增加系统的灵活性。

1. **总线的分类**

（1）地址总线 AB（Address Bus）：用来传送地址信息。

（2）数据总线 DB（Data Bus）：用于传送数据信息。

（3）控制总线 CB（Control Bus）：用来传送控制信号和时序信号。

2. **总线的主要技术指标**

（1）位宽：能够同时传送二进制的位数。

（2）工作频率：工作频率越高，运行速度越快。

1.4.2　微处理器

微处理器（Microprocessor）是微型计算机的核心。它是将运算器和控制器制成集成在一块超大规模集成电路芯片上，也称为中央处理单元（Central Processing Unit，CPU）。

CPU 的功能主要是解释计算机指令，以及处理计算机软件中的数据。CPU 由运算器、控制器和寄存器及实现它们之间联系的数据、控制及状态的总线构成。

1. CPU 的主要性能指标

（1）主频：CPU 的时钟频率（Hz）。

（2）字长：CPU 一次能够同时处理二进制的位数，它标志着计算机的处理能力。

（3）寻址能力：反映了 CPU 一次可访问内存的地址范围，它由地址总线宽度及其地址生成管理机制来确定。

（4）多媒体扩展技术：为适应对通信、音频、视频、3D 图形、动画及虚拟的现实。

2. CPU 的组成

（1）运算器（Arithmetic and Logical Unit，ALU）

运算器是计算机处理数据的主要部件，其主要功能是对二进制数据进行算术运算或逻辑运算，所以也称为算术逻辑单元（ALU）。算术运算是指数的加、减、乘、除，以及乘方、开方等数学运算。逻辑运算是指逻辑变量之间的运算，即通过与、或、非等基本操作对二进制数进行逻辑判断。

由于在计算机内各种运算均可归结为相加和移位这两个基本操作，所以，运算器的核心是加法器（Adder）。为了能将每次运算的中间结果暂时保留，运算器还需要若干个寄数据的寄存器（Register）。若一个寄存器既能保存本次运算结果，又能参与下次运算，其内容就是多次累加的和，这样的寄存器又叫做累加器（Accumulator，AL）。

（2）控制器

控制器（Control Unit，CU）是计算机的心脏和神经指挥中枢。由它指挥各个部件自动协调地工作，其主要部件及其功能如下。

① 指令寄存器：从内存中读取指令，并计算下一条指令在内存中的地址。存放当前正在执行的指令，并为指令译码器提供指令信息。

② 指令译码器：将指令中的操作码翻译成相应的控制信号。

③ 时序节拍发生器：产生一定的时序脉冲和节拍电位，使计算机能按严格的时序要求工作。

④ 操作控制部件：将脉冲、电位和指令译码器等控制信号组合起来，按执行流程、时序要求、有顺序地去控制各个部件完成相应的操作。

⑤ 指令计数器：存放下一条指令的地址。当顺序执行程序中的指令时，每取出一条指令，指令计数器就自动加"1"得到下一条指令的地址。当执行分支程序或循环程序时，就直接把起始地址或转移的目的地址送入指令计数器。所以，对控制器而言，其真正作用是对机器指令执行过程的控制。

1.4.3 内存储器

内存储器（主存储器）是计算机用来存放预执行程序和数据的，其速度快，容量（相对于外存）小，价格较高，可由 CPU 直接访问。它的每个记忆单元由 8 位二进制位组成，并有唯一的编号（存储单元的地址）可读写其中的数据。一般常用的微型计算机的存储器有动态存储器和静态存储器两种，目前静态存储器多为半导体存储器。

1. 存储器的相关术语

（1）位（bit）

描述二进制信息的最小单位（0 或 1）。

（2）字节（Byte）

一个字节由 8 位二进制数组成（1Byte=8bit），每个记忆单元也由 8 位二进制位组成，即字节（B）。

$1KB=2^{10}B=1024B$

$1MB=2^{10}KB=1024KB$

$1GB=2^{10}MB=1024MB$

$1TB=2^{10}GB=1024GB$

2. 存储器的分类（如图 1-2-2 所示）

（1）随机存储器（Random Access Memory，RAM）

RAM 又称读写存储器，其特点为既可以读出，也可以写入。读出时并不损坏原来存储的内容，只有写入时才会修改原来所存储的内容。断电后，存储内容立即消失，即具有易失性。

一般计算机系统使用的随机存储器的存取内存可分动态随机存取器（DRAM）和静态随机存取器（SRAM）两种，其差异在于：其一，内部构造完全不同；其二，DRAM 需要由存储器控制电路按固定周期对存储器进行刷新，才能维系数据的保存，而 SRAM 中的数据则不需要刷新过程，在 SRAM 有电源支持时数据不会丢失。

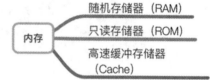

图 1-2-2　存储器的分类

（2）只读存储器（Read Only Memory，ROM）

只读存储器的特点为：可读，但不可写，掉电后数据不会丢失。

BIOS（Basic Input Output System）指基本的输入、输出系统，是被固化到主板的 ROM 芯片或其替代性芯片之中的程序。

BIOS 的主要功能：①执行第 1 条开机指令，并控制系统自检和引导；②识别各种硬件（包括型号）；③引导操作系统对硬件进行最直接的操作，如读文件等。

引导操作系统的过程：①开机；②自检（检查硬件是否良好）；③初始化，读取硬件参数信息，对硬件进行设置；④加载操作系统；⑤执行操作系统。

（3）高速缓冲存储器（Cache）

高速缓冲存储器是设置于主存与 CPU 之间的一级存储器，由高速静态存储芯片组成，其容量比较小，但速度比主存快，接近于 CPU 数据传输的速度。Cache 与内存数据交换是以块（页）为单位的。CPU 先从 Cache 中查找，如果没有找到，再从内存中读取，同时把这个数据所在的数据块调入 Cache 中，从而提高命中率。目前，Cache 的容量在逐步提高，出现了一级、二级等。

1.4.4　主板

主板又叫主机板（mainboard）、系统板（system board）或母板（motherboard）。它安

装在机箱内，是微机最基本的也是最重要的部件之一。

主板包括两大类部件，具体内容如下。

1. 芯片和芯片组

南桥芯片主要负责 I/O 接口控制、IDE 设备（硬盘等）控制，以及高级能源管理等；北桥芯片负责与 CPU 的联系，并控制内存、AGP、PCI 数据在其内部的传输。北桥芯片起着系统内存及 CPU 处理器等关键部件的管理作用，也称为主桥。

2. 插槽和接口，如图 1-2-3 所示

图 1-2-3　主板结构

1.5 软件系统

1.5.1 软件的相关概念

1. 软件

软件是指能够支持计算机工作，提高计算机使用效率和扩大计算机功能的各种程序、数据和有关文档的总称。

2. 程序

程序是为了解决某个问题而设计的一系列指令或语句的有序集合。

3. 数据

数据是程序处理的对象和结果。

4. 文档

文档是描述开发程序、使用程序和维护程序所需要的有关资料。

1.5.2 软件的分类

1. 按用途分类

（1）服务类软件

服务类软件面向用户进行各种各样的服务。

（2）维护类软件

维护类软件面向计算机进行维护，包括故障、判断及其检测。

（3）操作管理类软件

操作管理类软件面向计算机进行操作和管理，包括各种操作系统、网络通信系统和计算机管理软件等。

2. 按计算机系统分类

（1）系统软件

系统软件是管理控制维护计算机的各种资源，以及扩大计算机功能和方便用户使用计算机的各种程序集合。它由计算机的厂家或者第三方厂商提供，其具有两大特点：通用性（普遍适用于各个领域）和基础性（其他软件都是在系统软件的支持上进行开发和运行）的。

① 操作系统

操作系统（Operating System，OS）是管理和控制计算机硬件与软件资源的计算机程序。它是直接运行在"裸机"上的最基本系统软件，任何其他软件都必须在操作系统的支持下才能运行。

操作系统既是用户和计算机的接口，也是计算机硬件和其他软件的接口。操作系统的功能包括管理计算机系统的硬件、软件及数据资源，控制程序运行，管理人机界面，为其他应用软件提供支持，让计算机系统所有资源最大限度地发挥作用，提供各种形式的用户界面，使用户有一个好的工作环境，为其他软件的开发提供必要的服务和相应的接口等。实际上，用户是不用接触操作系统的。操作系统管理着计算机的硬件资源，并按照应用程序的资源请求分配资源，如划分CPU时间、内存空间的分配与管理、调用打印机等。

最初的计算机并没有操作系统，人们通过各种操作按钮来控制计算机，后来出现了汇编语言，操作人员通过有孔的纸带将程序输入计算机，进行编译。这些将语言内置的计算机，只能由操作人员自己编写程序来运行，不利于设备、程序的共用。为了解决这种问题，就出现了操作系统，这样就实现了程序的共用，以及对计算机硬件资源的管理。从20世纪70年代中期开始出现了计算机的操作系统。

计算机操作系统的发展经历了两个阶段。第一个阶段为单用户、单任务专用型针对特定机型的操作系统，如IBM大型机操作系统，DEC公司超级小型机操作系统，再到Sun公司UNIX操作系统。计算机操作系统发展的第二个阶段是通用型多用户、多道作业和分时系统，其典型代表有UNIX、XENIX、OS/2及Windows操作系统。分时的多用户和多任务、树形结构的文件系统及重定向和管道是 UNIX 的三大特点。个人计算机出现后出现了 CP/M、MSDOS、MacOS、Windows 等操作系统。现在操作系统已经完全脱离了最初的设想。

从微软公司 1985 年推出 Windows 1.0 以来，Windows 系统从最初运行在 DOS 下的 Windows 3.x，到现在风靡全球的 Windows 9x/Me/2000/NT/XP，到 Windows 8 和 Windows 10，几乎成为了操作系统的代名词。随着智能手机的发展，Android 和 iOS 已经成为流行的两大手机操作系统。

操作系统的主要功能是处理器管理、设备管理、程序控制和人机交互等。计算机系统的资源可分为设备资源和信息资源两大类，其中设备管理指组成计算机的硬件设备，如中央处理器、主存储器、磁盘存储器、打印机、磁带存储器、显示器、键盘输入设备和鼠标等；信息资源指存放于计算机内的各种数据，如文件、程序库、知识库、系统软件和应用软件等。

操作系统位于底层硬件与用户之间，是两者沟通的桥梁。用户可以通过操作系统的用户界面输入命令，操作系统则对命令进行解释，驱动硬件设备，实现用户要求。一个标准个人计算机的 OS 应该提供以下功能：

- 进程管理（Process Management）；
- 内存管理（Memory Management）；
- 文件系统（File system）；
- 网络管理（Network Management）；
- 安全机制（Security）；
- 用户界面（User Interface）；
- 驱动程序（Device drivers）。

各种设备安装的操作系统从简单到复杂分为智能卡操作系统、实时操作系统、节点操作系统、嵌入式操作系统、个人计算机操作系统、多处理器操作系统、网络操作系统和大型机操作系统，其具体分类方法如下。

- 按照应用领域分类：可分为桌面操作系统、服务器操作系统、嵌入式操作系统；
- 按照所支持用户数分类：可分为单用户操作系统（如 MSDOS、OS/2、早期 Windows）、多用户操作系统（如 UNIX、Linux、现代 Windows）；
- 按照源码开放程度：可分为开源操作系统（如 Linux、FreeBSD）和专用操作系统（如 Mac OS X、Windows）；
- 按照硬件结构分类：可分为网络操作系统（Windows 系列 Linux、UNIX、MacOs）、多媒体操作系统（Amiga）和分布式操作系统等；
- 按照操作系统环境分类：可分为批处理操作系统、分时操作系统（如 Linux、UNIX、XENIX、MacOS）、实时操作系统（如 iEMX、VRTX、RTOS、RT Windows）；
- 按照存储器寻址宽度分类：可以将操作系统分为 8 位、16 位、32 位、64 位、128 位的操作系统。早期的操作系统一般只支持 8 位和 16 位数据位系统，现代的操作系统如 Linux 和 Windows 7 都支持 32 位和 64 位数据位系统。

② 语言处理系统

计算机只能直接识别和执行机器语言，对于高级语言来说，要经过"编译"和"连接"后，把源程序变成机器语言能识别的目标程序才能被执行。对源程序进行解释和编译任务的程序，分别叫做解释程序和编译程序，如 FORTRAN 语言、PASCAL 语言和 C 语言等，使用时需有相应的编译程序；BASIC 语言、LISP 语言等，使用时需有相应的解释程序。

③ 服务程序

系统软件中还有一些服务程序能够提供常用的服务功能，它们为用户开发程序和使用计算机提供了方便，如诊断程序、调试程序等。

④ 数据库系统

数据库系统（DBS）由数据库、数据库管理系统及相应的应用程序组成。数据库系统不但能够存放大量的数据，更重要的是能迅速地、自动地对数据进行增删、检索、修改、统计、排序、合并等操作，为人们提供有用的信息。这是传统文件系统无法做到的。

（2）应用软件

应用软件指为了解决某种实际应用问题而设计的计算机软件，通常由计算机的用户或专门的软件公司开发。应用软件的主要用途包括科学计算、数据处理、过程控制、辅助设计、人工智能等，其可分为通用应用软件和专用应用软件两类。

① 通用应用软件

通用应用软件指为解决某个特定问题，本身与计算机关联不多的软件统称为通用软件，常见的通用软件如下。

A．办公软件套件

办公软件是日常办公需要的一些软件，一般包括文字处理软件、电子表格处理软件、演示文稿制作软件、桌面排版、数据库软件、个人信息管理软件等。常见的办公软件套件有微软公司的 Microsoft Office 和金山公司的 WPS Office 等。

B．图形和图像处理软件

随着硬件设备的迅速发展，计算机已广泛应用于对图形和图像的处理，其中绘图软件主要用于创建和编辑矢量图文件，通常指计算机用于绘图的一组程序，且程序的设计有一定的准则。例如常用的绘图软件是美国 Autodesk 公司的 AutoCAD。

图像处理软件主要用于创建和编辑图像文件，是用于处理图像信息和各种应用软件的总称，常用的图像处理软件有 Windows 自带的"画图"软件、Adobe 公司开发的 Photoshop 等。

C．Internet 工具软件

随着计算机网络技术的发展和 Internet 的普及，涌现了许多基于 Internet 环境的应用软件，如 Web 服务器软件、Web 浏览器、电子邮件软件、文件传输工具、远程访问工具 Telnet、下载工具 Flash-Get 等。

D．动画制作软件

动画制作软件主要用于创建和编辑动画功能。动画比静态图片更易吸引人，一般动画制作软件都会提供各种动画编辑工具，只要根据自己的想法来排演动画，分镜的工作就可交给软件处理。目前动画制作软件广泛应用于游戏软件开发、电影制作、产品设计和建筑效果图设计等。常用的动画设计软件有 3ds Max、Flash 等。

② 专用应用软件

上述的通用软件或软件包，在市场上就可以买到，但有些具有特殊要求的软件，只能自主开发或委托第三方公司开发。

任务三　现代微型计算机的分类

任务分析：

微型计算机（微机）是由大规模集成电路组成的、体积较小的电子计算机。微型计算机的特点是体积小、灵活性大、价格便宜、使用方便。微型计算机中最常用的是台式机，从外观上看，台式机的基本配置有主机箱、键盘、鼠标和显示器四个部分，虽外观不同，但一个完整的微型计算机系统都包括硬件系统和软件系统两大部分。硬件系统由CPU、存储器（含内存、外存等）、各种输入/输出设备组成，采用"指令驱动"方式工作。软件系统可分为系统软件和应用软件，其中系统软件指管理、监控和维护计算机资源（包括硬件和软件）的软件；应用软件指为某种应用目的而编制的计算机程序。

1.6　服务器

"服务器"一词很恰当地描述了计算机在应用中的角色，它作为网络的重要节点，需要存储、处理网络中80%的数据、信息，因此也被称为网络的灵魂。服务器可以是大型机、小型机、工作站或高档微型计算机，它可以提供信息浏览、电子邮件、文件传送、数据库管理和安全管理等多种服务。

服务器的主要特点如下：

（1）只有在客户机的请求下才能为其提供服务。

（2）服务器对客户机是非透明的。一个与服务器通信的用户（客户机）面对的是具体的服务，完全不必知道服务器的机型、操作系统及处理的具体过程。

（3）严格地说，服务器是一种软件的概念。一台作为服务器使用的计算机通过安装不同的服务器软件，可以同时扮演多种服务器的角色。

1.7　图形工作站

图形工作站是一种高档的微型计算机，它比微型机有更大的存储容量和更快的运算速度，通常配有高分辨率的大屏幕显示器及容量很大的内存和外部存储器，并且具有较强的信息处理功能和高性能的图形、图像处理功能，以及联网功能。图形工作站主要用于图像处理和计算机辅助设计等领域，具有很强的图形交互与处理能力，因此在工程领域，特别是在计算机辅助设计领域得到了广泛应用，可以说，图形工作站就是专为工程设计的计算机。

1.8　台式机

台式机是一种独立的计算机，既可以联网使用，也可以独立运行，相对于笔记本电脑台式机的体积较大。它的主机、显示器等设备都是相对独立的,常常放置在专门的工作台上,因此命名为台式机。台式机的机箱具有空间大、通风条件好的因素一直被人们广泛使用。台式机箱有多个可扩充硬盘或光盘驱动器的槽位,方便用户进行硬件升级。

1.9 便携机

"便携机"是"工业便携机"的简称,如图 1-3-1 所示,其本质是计算机,并具有功能可靠和便携的特点。工业便携机是一种便于携带的、有多扩展的、可适用较恶劣环境的计算机。工业便携机相比普通计算机或者笔记本电脑,其稳定性能更高,且抗干扰性能更强,扩展性能丰富,符合工控行业要求。它适合在特殊环境中使用,如严寒、高温、野外、高湿、高盐雾等。工业便携机的使用寿命是普通计算机的 2 到 3 倍。

1.10 手持机

手持机(手持数据终端或盘点机),如图 1-3-2 所示,相当于移动的计算机终端。手持机的工业特点是坚固、耐用、轻巧便携,可以在恶劣的环境中使用,如高温的车间、严寒等环境。同时,它还具备较高的工业防护等级,如防跌落、防尘、防雨、防油污等。手持机可以支持条码扫描和 RFID 读写功能,具有数据采集及数据处理能力。手持机作为移动化的信息处理工具,可广泛应用在物流快递、生产制造、零售、医疗、公共事业等领域,提高了现场的工作效率。

图 1-3-1　便携机

图 1-3-2　手持机

项目小结

我们一起探寻了计算机的生产,了解了计算机的发展历史,掌握了计算机系统的组成及其分类,对计算机有了更深入的认识。计算机技术正朝着功能更强、速度更快、体积更小、智能更高的方向发展,未来的计算机将越来越智能,其感知能力、自然语言处理能力、推理与判断能力都将逐步提升,在万物互联的时代背景下,新一代计算机的核心技术将带来产业的变革和模式的创新。

思考与练习

1. 你认为未来计算机的发展方向都有哪些?
2. 计算机的发展经历了哪几个阶段?
3. 你知道哪些著名的计算机科学家?他们有哪些代表成就?

实 训

你认为未来的计算机是什么样的?请尝试画出你认为未来计算机的样子,并说明它的用途。

项目二

计算机的硬件设备

项目导入：

计算机作为现代生活的必备工具之一，已经融入每个人的生活中，但是非专业人士在使用计算机时往往只注意软件系统，而不关心搭载软件系统的硬件系统。在项目二中，将介绍计算机的硬件系统，可对大家在选购计算机及其设备时有所帮助。

学习目标：

1. 掌握计算机硬件系统各部件的结构组成。
2. 掌握计算机硬件系统各部件的性能参数。
3. 了解计算机硬件系统各部件的主流产品。
4. 掌握计算机硬件系统各部件的选购常识。

任务一　中央处理器（CPU）

任务分析：

中央处理器（CPU）是计算机最核心的部件，其性能级别可直接反映出计算机的性能级别。任务一分为五个部分，分别是CPU概述、CPU的结构组成、CPU的性能指标、主流CPU的架构分析和CPU的选购常识。需要重点掌握CPU的性能指标参数，只有了解各参数的含义才能在选购时加以甄别，做到心中有数。

2.1　CPU概述

CPU（Central Processing Unit）是计算机的核心部件。它决定了计算机运行的速度，其功能主要是解释计算机指令及处理计算机软件中的数据。在计算机的体系结构中，CPU是对计算机的所有硬件资源（如存储器、输入/输出单元）进行控制调配、执行通用运算的核心硬件单元。它是计算机的运算和控制核心，计算机系统中所有软件层的操作，最终都将通过指令集映射为CPU的操作，即运行任何程序都是由CPU来执行的。

CPU有各种不同的叫法，如中央处理单元、中央处理器、微处理器、处理器等。

2.2　CPU的结构组成

2.2.1　CPU的逻辑构造

CPU的逻辑构造包括运算逻辑部件、控制部件、寄存器部件等，其中运算逻辑部件可以执行定点或浮点算术运算操作、移位操作和逻辑操作，也可执行地址运算和转换；控制部件主要负责对指令进行译码，并发出为完成每条指令所要执行各个操作的控制信号；寄存器部件包括通用寄存器、专用寄存器和控制寄存器。

另外，现代CPU内部也增加了高速缓存（Cache），以便减少处理器访问内存所需的平均时间，其容量远小于内存，但速度却可以接近处理器数据接口的频率。缓存分为一级缓存、二级缓存和三级缓存，其中一级缓存位于CPU内核的旁边，是与CPU结合最为紧密的缓存。一般来说，一级缓存可以分为一级数据缓存和一级指令缓存。二级缓存是CPU的第二层高速缓存，它既可置于CPU芯片内，也可置于CPU芯片外。这由CPU的型号决定，并且CPU内的缓存速度更高；三级缓存是为读取二级缓存未命名后的数据设计的一种缓存，在拥有三级缓存的CPU中，只有约5%的数据需要从内存中调用，三级高速缓冲的结构明显提高了CPU的效率。

2.2.2 CPU 的物理构造

CPU 的物理构造包括内核、基板、填充物等。

1. 内核

内核（核心芯片）是由高纯度单晶体硅制造而成的。它就是计算机的大脑，所有的计算、接收指令、存储指令、执行指令和处理数据等操作都由其负责。目前绝大多数 CPU 都采用了翻转内核的封装形式，也就是说平时看见的 CPU 内核其实是这颗硅芯片的底部，是翻转后封装在陶瓷电路基板上的，这样做的好处是能够使 CPU 内核直接与散热装置接触。CPU 的另一面要和外界的电路相连接，数量以千万计算的晶体管都要连接到外面的电路上，其连接方法给若干个晶体管焊上一根导线连接到外电路上。由于所有的计算都要在芯片上进行，所以 CPU 会散发出大量的热量，其核心内部温度最高处可达上百度，芯片外表面温度也会有数十度，一旦温度过高就会造成 CPU 运行不正常甚至烧毁，因此，散热对计算机是非常重要的，这既需在设计 CPU 时重点考虑，还需在芯片外增加散热装置。

2. 基板

CPU 的基板就是承载 CPU 内核的电路基板，它负责内核芯片和外界的一切通信。它上面除了有计算机主板上常见的电容、电阻等，还有 CPU 芯片的电路桥，在基板的背部还有用于和主板连接的针脚或者触点。

3. 填充物

在 CPU 的内核和基板之间，还有一种填充物可用来缓解来自散热器的压力，并可固定芯片和电路基板，由于它连接着温度有较大差异的两个部件，所以其质量的优劣直接影响着 CPU 的质量。

2.3 CPU 的性能指标

购买 CPU 时，用户并不需要了解其具体构造及每个部分是如何工作的，但要知道 CPU 的各项性能指标，这些性能指标直接反映了 CPU 的性能，也间接决定了 CPU 的价格。CPU 的指标包括：工作频率、前端总线频率、缓存、工作电压、地址总线宽度、字长、MIPS、扩展指令集合、工艺水平等。

2.3.1 工作频率

当前主流 CPU 主频（时钟频率）的单位是 GHz，用来表示 CPU 的运算、处理数据的速度。

CPU 的主频 = 外频 × 倍频系数

主频和实际的运算速度存在一定的关系，但并不是一个简单的线性关系。所以，CPU 的主频与 CPU 实际的运算能力不能直接相关，主频表示在 CPU 内数字脉冲信号震荡的速度。当然，CPU 的运算速度还要看其内部指令执行的流水线结构、总线等各方面的性能指标。

外频是 CPU 的基准频率，其单位是 MHz。CPU 的外频是整块主板的运行的基础时钟频率。通俗地说，在台式计算机中所说的"超频"是以外频为基础再对 CPU 超频的（一般情况下，CPU 的倍频是被锁住的）。但对于服务器的 CPU 来讲，超频一般是不允许的。如果把服务器的 CPU 超频了，改变外频就会产生异步运行（台式计算机很多主板都支持异步运行），这样会造成整个服务器系统的不稳定。目前绝大部分计算机系统中的外频与主板前端总线都不是同步运行的，而外频与前端总线（FSB）频率又很容易被混为一谈。

超频系数是指 CPU 主频与外频之间的相对比例关系。在相同的外频下，超频越高 CPU 的频率也越高。但实际上，在相同外频的前提下，高超频的 CPU 本身意义并不大。这是因为 CPU 与系统之间的数据传输速度是有限的，一味追求高主频 CPU 会出现明显的"瓶颈"效应，即 CPU 从系统中得到数据的极限速度不能够满足 CPU 运算的速度。

2.3.2 前端总线频率

前端总线（FSB）频率直接影响 CPU 与内存芯片之间交换数据的速度，可使用公式进行计算，即数据带宽=（总线频率×数据位宽）/8，数据传输最大带宽取决于所有的同时传输数据宽度和传输频率。比如，现在支持 64 位的至强 Nocona，前端总线是 800 MHz，按照公式，它的数据传输最大带宽是 6.4GB/s。

外频与前端总线频率的区别：前端总线的速度是指数据传输的速度，外频是指 CPU 与主板之间同步的速度。也就是说，100MHz 外频特指数字脉冲信号在每秒钟震荡 1 亿次，而 100MHz 前端总线指的是每秒钟 CPU 可接收的数据传输量是 100×64÷8=800MB/s。

由于 Intel 公司 HyperTransport 总线构架的出现，让前端总线频率发生了变化。IA-32 架构必须有三大重要的构件：内存控制器 Hub（MCH）、I/O 控制器 Hub 和 PCI Hub。像 Intel 典型的芯片组 Intel 7501、Intel 7505 就是为"双至强"处理器量身定做的，它们所包含的 MCH 为 CPU 提供了频率为 533MHz 的前端总线，配合 DDR 内存，前端总线带宽可达到 4.3GB/s，但随着处理器性能的不断提高，给系统架构带来了很多问题。"HyperTransport"构架不但解决了这个问题，还更有效地提高了总线带宽，如灵活的 HyperTransport I/O 总线体系结构整合了内存控制器，使 AMD Opteron 处理器不通过系统总线传给芯片组就可直接和内存交换数据。

2.3.3 高速缓存

高速缓存（Cache，由高速静态存储器构成，通常简称为"缓存"）的结构和大小对 CPU 速度的影响非常大，CPU 内缓存的运行频率极高，一般是和处理器内数据总线同频运作，其工作效率远远大于系统内存。实际工作时，CPU 常常会重复读取同样的数据块，而缓存容量的增大可以明显提升 CPU 内部读取数据的命中率，而不用再到内存甚至硬盘上寻找数据，以此可提高系统性能。但是由于 CPU 芯片体积和成本的因素，缓存都很小。

L1 Cache（L1 缓存）是 CPU 的第一层高速缓存，可分为数据缓存和指令缓存。内置的 L1 高速缓存的容量和结构对 CPU 的性能影响较大，不过高速缓存存储器均由静态 RAM 组成，且结构较复杂，受 CPU 芯片面积和功耗的限制，L1 级高速缓存的容量不可能做得太大。一般服务器 CPU 的 L1 缓存的容量通常在 32～256KB。

L2 Cache（L2 缓存）是 CPU 的第二层高速缓存，可分为内部芯片和外部芯片。内部缓存运行速度高，而外部芯片的 L2 缓存则只有主频的一半。L2 缓存容量也会影响 CPU 的性能，原则同样是越大越好，以前家用计算机的 L2 缓存的容量多为 512KB，现在笔记本电脑也可以达到 2MB，而服务器上使用 CPU 的 L2 高速缓存更高，可以达到 8MB 以上。

L3 Cache（L3 缓存）是 CPU 的第三层高速缓存，可分为外置和内置两种，现在多采用内置。L3 缓存的应用可以进一步降低内存延迟，同时提升进行大数据量计算时处理器的性能，这些对游戏的运行很有帮助。在服务器上增加 L3 缓存可在性能方面有显著提升，具有较大 L3 缓存的配置利用物理内存会更有效，故它和较慢的磁盘 I/O 子系统相比可以处理更多的数据请求，以及提供更有效的文件系统缓存行为、较短消息和处理器队列长度。

早期的 L3 缓存被应用在 AMD 的 K6-III 处理器上，由于受限于当时的制造工艺，并没有将其集成进芯片内部，而是放在主板上，同主内存差不多。后来使用 L3 缓存的是 Intel 公司为服务器市场所推出的 Itanium 处理器，接着就是 P4EE 和至强 MP。Intel 公司还计划推出一款 9MB L3 缓存的 Itanium 2 处理器，和以后 24MB L3 缓存的双核心 Itanium 2 处理器。

但 L3 缓存对处理器的性能提高显得并不是很重要，如配备 1MB L3 缓存的 Xeon MP 处理器仍然不是 Opteron 的对手，由此可见，前端总线的增加要比缓存的增加带来更有效的性能提升。

2.3.4 工作电压

从 Pentium 处理器开始，CPU 的工作电压分为内核工作电压和 I/O 电压两种，通常 CPU 的内核工作电压小于或等于 I/O 电压，其中内核工作电压的大小由 CPU 的生产工艺而定，一般集成度越高，其内核工作电压越低，I/O 电压一般都在 1.6～5V，低电压能解决耗电过大和发热过高的问题。

2.3.5 地址总线宽度

地址总线宽度是指 CPU 一次可访问物理内存的地址宽度，它的单位是位（bit）。常说的寻址空间与地址总线宽度密切相关，即寻址空间=$2^{地址总线宽度}$。如 286 处理器只有 20 位的地址总线宽度，所以其直接寻址的物理内存大小（寻址空间）为 1MB。

现在多数 CPU 的地址总线宽度都是 32 位的，那么可访问的物理内存大小就是 4GB，其中还有一部分要分配给 CPU 的缓存、寄存器等物理空间，所以系统显示只有 3.25GB。如果选用集成显卡，还会划拨部分内存空间作为显存，所以有部分 4GB 内存条的用户系统显示只有 2.98GB 可用。理论上 64 位地址线的处理器的直接寻址空间将达到 2^{64}，显然没有系统会装如此多的内存。因此，现在处理器采用基础 32 地址，外加"架构地址"扩充方式另增 4 位（PA36）、8 位（PAE40）、16 位（PAE52）地址，内存空间实用值根据 CPU 和主板设计共同决定。常见的有 4GB、12GB、24GB 等。

2.3.6 字长

字长是指 CPU 一次性运行处理数据的数据位的数值，单位是位（bit），通常这个数值越高计算机运算速度也就越快，现在个人计算机上主 CPU 多是 64 位字长的，但外设

（如硬盘、打印机）上、单片机或物联器硬件终端上仍有 16 位、8 位甚至 4 位数据宽度的处理器。

2.3.7 MIPS

MIPS 是指每秒百万次，它是一个反映计算机运行速度的单位，这个值越大，运算速度就越快。

在讲主频时介绍过两个主频明显不一致的 CPU，其实际运算能力是相当的，所以才会使用 MIPS 来区别这种情况。

2.3.8 扩展指令集合

CPU 依靠指令来计算和控制系统，每款 CPU 在设计时就规定了一系列与其硬件电路相配合的指令系统。指令的强弱也是 CPU 的重要指标，指令集是提高微处理器效率的最有效工具之一。

从现阶段的主流体系结构看，指令集可分为复杂指令集和精简指令集两部分，而从具体运用看，如 Intel 公司的 MMX、SSE、SSE2、SSE3、SSE4 系列和 AMD 的 3DNow! 等都是 CPU 的扩展指令集，分别增强了 CPU 的多媒体、图形/图像和 Internet 等的处理能力。

通常把 CPU 的扩展指令集称为"CPU 的指令集"，SSE3 指令集是规模最小的，其中 MMX 指令集包含 57 条命令，SSE 指令集包含 50 条命令，SSE2 指令集包含 144 条命令，SSE3 指令集包含 13 条命令。

2.3.9 工艺水平

半导体的工艺水平和 CPU 的性能关系极大，它关系到 CPU 内能塞进多少个晶体管，以及达到的频率和功耗。如 1978 年 Intel 推出的 CPU 8086，采用 3μm（3000nm）工艺生产，只有 29000 个晶体管，工作频率也只有 5MHz，而现在的 CPU 如 Intel 公司的 28 核 Skylake-SP Xeon 处理器，它拥有超过 80 亿个晶体管，而 Core i9-9900K 的最大睿频能达到 5GHz，它们是采用了 Intel 的 14nm 工艺生产的。

现在半导体工艺上所说的 nm 工艺是指线宽，也就是芯片上的最基本逻辑模块电路之间连线的宽度，因为实际上门电路之间连线的宽度同门电路的宽度相同，所以线宽可以直观描述制造工艺。缩小线宽意味着晶体管可以做得更小、更密集，而且在相同的芯片复杂程度下可使用更小的晶圆，于是成本就降低了。先进半导体制造工艺的另一个重要优点是，可以提升工作频率，当缩减元件的间距后，晶体管间的电容也会降低，晶体管的开关频率将得以提升，从而使整个芯片的工作频率提高了。另外，晶体管的尺寸缩小可降低内阻，所需的导通电压降低，这代表着 CPU 的工作电压就会降低，所以每一款新 CPU 的内核，其电压较前一代产品都会有相应的降低。CPU 的动态功耗损失与电压的平方成正比，工作电压的降低，可使其功率大幅度减小。

当前，市场上流行的 AMD 公司的锐龙 3 系列 CPU，将 CPU 的工艺水平压至 7 nm，这已经接近硅材料在经典物理世界能控制的极限了，如果低于 7 nm，需要控制电子"量子隧穿"现象。所以寻找新材料代替硅成为 CPU 基本材料的前沿领域，最优的新材料就是石墨烯。石墨烯被视为是一种"梦幻"材料，它具有很强的导电性、可弯折、强度高，这些特性可以被应用于各个领域中，甚至具有改变未来世界的潜力，但是现在离实现真正能把它应用于半导体领域的目标还很遥远，所以 7 nm 将会在很长一段时间成为 CPU 工艺水平的瓶颈。

2.4 主流 CPU 架构的分析

2.4.1 酷睿架构

英特尔"酷睿"以英特尔微架构的多核处理器为基础，扩展了英特尔移动微架构所提倡的高能效理念，并通过微架构创新，对英特尔 NetBurst 微体系结构进行了改进。此外，它还采用了优化多核处理器功率、性能和可扩充性的创新技术，包括英特尔的宽区动态执行、智能功率能力、高级智能高速缓存、智能内存访问和高级数字媒体增强等。

酷睿（Intel Core）是用来取代 Pentium M 架构的系列产品。它是 Intel 公司在 2006 年打造的一款领先节能的新型微架构，其设计的出发点是提供卓然出众的性能和能效，提高能效比。早期的酷睿是用于笔记本电脑处理器的。

酷睿 2（Core 2 Duo）是英特尔推出的新一代基于 Core 微架构产品体系的统称，于 2006 年 7 月 27 日发布。酷睿 2 是一个跨平台的架构体系，包括服务器版、桌面版、移动版三大领域，其中，服务器版的开发代号为 Woodcrest，桌面版的开发代号为 Conroe，移动版的开发代号为 Merom。英文 Core 2 Extreme 是酷睿 2 的至尊版，两者的区别仅在于主频不同。

2019 年中期，Intel 公司推出了第九代酷睿 9000 系列（Coffee Lake-Refresh），其工艺是 14nm，架构是 Coffee Lake。Coffee Lake 是 Intel 的第八代处理器，Coffee Lake 架构采用 14 nm 制程，拥有 6 内核，基本时脉频率是 3.1 GHz，超频后可达 4.2 GHz，另外，每个内核皆有 256 KB 的 L2 高速缓存，总共有 12 MB 的 L3 高速缓存，每个核心都有 2 MB。因此，总体性能强大，它是 Intel 公司对抗 AMD 公司锐龙系列的重要武器。第九代酷睿 i5 9600KF 外观及铭文标识，如图 2-1-1 所示。

图 2-1-1　Intel 酷睿 i5 9600KF

2020 年 4 月，Intel 又推出酷睿 8 内核第十代移动版处理器，即 Comet Lake H 系列，其 I5、I7 和 I9 处理器在新型笔记本电脑中已大规模上市。第九代处理器在台式电脑市场也广受欢迎。

2.4.2 锐龙架构

AMD 公司自从 2017 年 3 月发布"锐龙"处理器以来，可谓成功逆袭、势不可当，首当其冲逼迫 Intel 公司让 X299 平台提前接班，接下来又让第七代酷睿陷入困境，使 Intel 公司不得不加快第八代酷睿上市的脚步；AMD 公司在 2018 年又推出了第二代"锐龙"处理器对第八代酷睿形成阻击之势，至此 Intel 公司的市场格局已经被全盘打乱，已难以阻止口碑与销量出现下滑，而 AMD 公司的市场占有率则节节高升，完美地打了一场翻身仗。

AMD公司"四年磨一剑"推出的ZEN架构成为了逆袭关键,全新设计的ZEN架构相对于之前的"挖掘机"架构效率提升了52%,实现了性能的飞跃。不久推出的"ZEN+"架构采用12 nm工艺,使得第二代锐龙处理器功耗不变而性能提升了16%。2019年紧跟着推出ZEN2架构,在晶体管密度、功耗、性能上均有了突破性进展,7 nm工艺的ZEN 2架构拥有两倍的晶体管密度,且具有同性能下仅一半的功耗水平,同功耗下至少有25%的性能提升。

AMD公司在2017年至2019年中表现超乎想象,也证明了其研发团队的真正实力。从第一代到第三代锐龙,已在事实上表明,AMD公司已重新得到了台式机处理器的重要市场份额。AMD Ryzen 5 3600X的外观及铭文标志,如图2-1-2所示。

图2-1-2　AMD Ryzen 5 3600X

2.5　CPU的选购常识

选购CPU必须先了解其性能参数,这个在2.3节中已经详细叙述,这里不再累述。

由于所有硬件设备都会更新换代,随着处理器的代系更迭,性能会不断提升,对应支持的其他硬件也会随着改变。那么了解自己心仪CPU的性能位置就至关重要了,可以参考专业网站的性能排行,得到最新产品的信息和不同产品的定位,也就是要学会看"天梯图"。(这里不特指CPU天梯图,其他设备也有相应的天梯图),并且电脑主要器件或设备的天梯图通常每月都更新,在选购时一定要查看最新的天梯图。

你还需要有一定的选购技术,关注以下因素,可防止做出错误选择。

1. 确定整机的用途

如果你买计算机是用来娱乐玩游戏的,那么就要选择性能较高的CPU;如果是用来商务办公的,那么要选择运行稳定的CPU;如果是用来做专业设计的,那么在选择运行稳定的同时还要注重其CPU的高性能。

2. 确定品牌

现在市面上台式机CPU只有Intel公司和AMD公司两家竞争,所以参考天梯图,确定好心仪的品牌很重要。

3. 明确预算

"量体裁衣、量力而行"是古今真理,所以一定要清楚要花多少钱来购置计算机,一般按照整机预算的三分之一来预估CPU的价格,以在一个合理的价格区间去购买。

4. 明确购买途径

购买途径主要有两种:一种是在互联网上购买,这种购买方式的好处是选择面广,想买的型号都能买到,但是也要注意网购风险,如返厂货、进水货、二手货、服务器淘汰货等劣质CPU混杂市场中,所以要预估风险,找个正规的平台和卖家。另一种就是到电脑城购买,这种购买方式的好处是可以接触实物,亲自查看是不是假冒伪劣商品,但同时也要注意，电脑城因为货源不足且信息不对称，会大力兜售你并不清楚的型号的产品，所以这两种购买方式各有利弊，需要大家综合衡量后选择合适的购买途径。

5. 明确售后服务

虽然 CPU 不会因为质量问题出现退换货的情况，但是要关注其售后服务的内容。售后服务主要有两种：一种是盒装 CPU，它一般质保三年，如果出了质量问题，则要返厂维修；另一种是散装 CPU，它一般质保一年，如果出了质量问题，则要返经销商处维修，至于经销商究竟是怎么维修的就不得而知了。由于 CPU 品牌的质量一般是很过硬的，所以从性价比方面考虑，也可以购买散装 CPU。

6. 积累实战经验

这点主要从以下几个方面执行：做足功课、货比三家、外观检查（观察 CPU 背后的铭文是否和包装盒一致）、明确售后、不急购买（多问、多看、多听、多想）。

> **温馨提示**
>
> Intel 公司的创始人是戈登·摩尔（Gordon Moore）和罗伯特·诺伊斯（Robert Noyce），最早他们打算用自己的名字命名公司，即"Moore Noyce"，但因为听起来太像"More Noise"（更多噪音）不吉利，就将"Integrated Electronics"（集成电子）缩写成了 Intel。

任务二　主板

任务分析：

在任务二中，将认识计算机的核心部件之一——主板。主板在计算机中起着基础和桥梁的作用，计算机硬件系统的各个部件都是搭载在主板的接口上的，通过主板提供的总线系统相连，从而实现了硬件系统各部件的数据通信及控制，并且主板提供了大量的接口，可方便用户拓展外部设备，使外部设备的数据能及时准确地送达 CPU 进行处理，并反馈回外部设备进行操作。任务二分为五个部分，分别是主板概述、主板的分类、主板的结构、主流主板芯片组、主板的选购常识。需重点掌握主板的分类和主板的结构部分，只有对主板有足够的了解才能在选购中加以甄别，做到心中有数。

2.6　主板概述

主板亦可称为主机板、系统板、逻辑板、母板、底板等，是构成复杂电子系统的中心或者主电路板，是微型计算机最基本的也是最重要的部件之一。主板一般为矩形电路板，上面安装了组成计算机的主要电路系统，一般有 BIOS 芯片、I/O 控制芯片、键盘和面板控制接口、指示灯插接件、扩展插槽、电源设备等。

主板采用了开放式结构，有多个扩展插槽，供计算机外围设备的适配器进行插接。通过更换扩展卡，可对计算机的相应子系统进行局部升级，使厂家和用户在配置机型方面有更大的灵活性。总之，主板在计算机系统中扮演着举足轻重的角色，可以说主板的性能影响着整个计算机系统的性能。

2.7 主板的分类

主板电路复杂，集成的芯片众多，提供的接口也非常多，所以主板可以从多个不同的观察角度进行分类。

2.7.1 按主板标准分类

按市面上能看到的主板标准，可以分为以下四类。

1. Mini-ITX

Mini-ITX（ITX）的规范是由威盛公司提出的。Mini-ITX 主板的规格非常小，尺寸为 170mm×170mm（6.75 英寸×6.75 英寸），其尺寸之所以能这么小，并非设计上的神来之笔，而是拿掉了一些组件，其中首当其冲的就是占了不少空间的 CPU 插槽。

Mini-ITX 主板的优势在于尺寸小巧和低耗电量，可以轻松地集成到汽车或小型音响当中，要追加额外硬件也是有可能的。Mini-ITX 处理器是超低功率的×86 处理器，它焊接在主板上且只用 Heatsink 散热器冷却，其显卡、声卡和局域网连接都集成在 Mini-ITX 主板上。它还有两个通用串行总线（USB）端口、一个串行接口、一个并行接口、音频输入口和输出口，以及周边元件扩展接口（PCI）槽，使用一个直立卡，可以支持两个设备。虽没有软盘驱动器界面，但有一个 CD-ROM 或 DVD-ROM 界面，如图 2-2-1 所示。

图 2-2-1 技嘉 B360N AORUS GAMING WiFi

使用 Mini-ITX 主板，只需添加机箱盒（Micro-ATX 和 Flex-ATX 机箱盒都可以）、内存条、硬盘驱动器和一个电源就可以组成一个完整的计算机系统。

2. Micro-ATX

Micro-ATX（Mini ATX）是 ATX 结构的简化版。Micro-ATX 主板被推出的主要目的是为了降低个人计算机系统的总体成本并减少对电源的需求量。

Micro-ATX 主板结构的主要特性：较小的主板尺寸、较小的电源供应器，虽然减小主板的尺寸可以降低成本，但是主板上可以使用的 I/O 扩展插槽也相对减少了，即扩展插槽为 3~4 个，DIMM 插槽为 2~3 个，从横向减小了主板宽度，其总面积减小约 0.92 平方英寸，比 ATX 标准主板结构更为紧凑，如图 2-2-2 所示。

3. ATX

ATX 是英特尔公司在 1995 年 1 月公布的主板标准，最新 ATX 2.3 版本的规格于 2007 年发表，是目前家用计算机应用最为广泛的主板标准。ATX 主板比 AT 主板的设计更为先进、合理，并与 ATX 电源结合得更好。ATX 主板比 AT 主板要更大一点，软驱和 IDE 接口都被移植到了主板中间，键盘和鼠标接口也由 COM 接口换成了 PS/2 接口，并且直接将 COM 接口、打印接口和 PS/2 接口集成在主板上。ATX 主板的派生主板规格（包括 Micro-ATX 与 Mini-ITX）都保留了 ATX 主板的基本背板设置，但减小了主板面积，并删减了扩充插槽的数目。

ATX 主板外形在 Baby AT 的基础上旋转了 90 度，其外型尺寸为 305mm×244mm（12×9.6 英寸），采用 7 个 I/O 插槽，CPU 与 I/O 插槽、内存插槽的位置更加合理，优化了软盘/硬盘驱动器接口位置，提高了主板的兼容性与可扩充性，采用了增强的电源管理，真正实现了计算机的软件开机、关机和绿色节能功能。它的布局是"横"板设计，就像把 Baby-AT 板型放倒了过来，这样可增加主板引出端口的空间，使主板能够集成更多的扩展功能，如图 2-2-3 所示。

图 2-2-2　华硕 TUF B360M-PLUS GAMING

图 2-2-3　技嘉 Z370 HD3P

4. EATX

EATX（Extended ATX）主板通常用于双处理器或标准 ATX 主板无法胜任的服务器上，其标准尺寸为 305mm×330mm（12×13 英寸）。EATX 主板上半部分的固定螺钉位和 ATX 相同，多用于高性能计算机和工作站中。相对于标准 ATX 更宽，容易针对 8 内存插槽布线。因此 8 内存插槽是 E-ATX 主板的特征标志，选购时可以用这个特征辅助分辨（非 100%）。选购机箱时注意配套的问题以免造成无法安装的窘境。

2020 年 2 月，主板厂家将一些其他尺寸的主板统称为"EATX"，这些主板在 I/O 边的宽度和 ATX 及标准 EATX 一样为 12 英寸（305mm），另一边的宽度则介于 ATX（9.6 英寸）

和标准 EATX（13 英寸）之间，如 305mm×257mm、305mm×264mm、305mm×267mm 和 305mm×272mm 等，甚至有部分主板两边宽度都与标准 EATX 不同，如 386mm×359mm 等。

EATX 的特点：高性能定位，一般采用高性能芯片组和采用高端针脚 CPU；8 条或 8 条以上内存插槽；比标准的 ATX 主板更宽大，如图 2-2-4 所示。

图 2-2-4　技嘉 C621 AORUS XTREME

2.7.2　按逻辑控制芯片组分类

因为 Intel 公司的酷睿架构将集成显卡芯片集成到了 CPU 中（前集成显卡被放置在北桥芯片中），被称为核显，导致北桥芯片组有了大量的拓展空间，从而出现了单芯片平台。所以按逻辑控制芯片组可分为以下三类。

1. 单芯片组

将传统的南桥和北桥芯片合二为一，主板中不管高速数据流还是低速数据流都由这块控制芯片控制，这样做不仅通信效率提升了，也容易控制成本，但是芯片的散热就成了问题。

2. 双芯片组

传统双芯片组分为北桥芯片和南桥芯片。其中北桥主要控制 CPU 与内存和显卡之间的通信，通信速率高（GB/s 级别），所以北桥控制的是高速数据流，其本身运算速度也较快，需要加装散热片进行散热。南桥主要控制的是 I/O 接口、SATA 接口、扩展接口和 BIOS 芯片等传输数据速率较慢的设备（MB/s 级别），所以南桥控制的是低速数据流，本身运算速率不高，不需要散热片进行散热。但是有部分主板为了美观或者进行保护芯片的考虑，为南桥也加装了一块小型的散热片。

3. 多芯片组

多芯片组是使用两块以上的控制芯片来控制主板的各部件进行数据交换，多出现在高端服务器及工作站上，和传统的双芯片组相比，多芯片组的运行稳定可靠。

2.7.3 按生产主板的厂家分类

生产主板的厂家有很多，从 2005 年以来有三大主板生产厂商的市场地位难于撼动，其分别是华硕电脑股份有限公司（以下简称华硕）、技嘉科技（以下简称技嘉）和微星科技（以下简称微星）。

华硕：华硕主板一直保持着高昂的战斗力，硬件上拥有着数字供电及智能芯片等绝活，软件上各种功能软件保持时刻更新，且其 BIOS 一直带给用户惊喜。华硕总能带来产品上的创新，而作为华硕的高端品牌，ROG（败家之眼）系列展现了华硕的科技实力。

技嘉：同为世界闻名的主板厂商，技嘉同样具备雄厚的实力。技嘉高端主板以"堆料"闻名于世，优秀的性能及良好的"超频"能力依托于堆料及做工，因此技嘉主板屡创世界超频的记录。

微星：在 P4 的年代，微星就提出了第一代军规概念，全固态电容及 DrMOS 不但让主板寿命更加强劲，同时在供电性能上也能给用户提供保障。从主打军规到引领主板 BIOS 的变革发展，再到逐渐注重卖相及外观，最后对 8 系主板在质量、性能、软件规模，以及外观上的兼顾，微星经历了不小的变化。同时，更加细分的产品系列能够让用户找准自己的需求。

除了以上提到的三大厂商，能够生产主板的厂商还有很多，他们也是各有各的特点或优势，但是至 2020 年年初为止，三大厂商的地位仍然不可动摇。其他主板生产厂商包括华擎、映泰、梅捷、七彩虹、昂达、铭瑄、翔升、英特尔、微盛、影驰、小影霸等。

2.7.4 按主板上使用的 CPU 架构分类

因为现在市场上的 CPU 选择只有两类，所以按照主板搭载的 CPU 架构分类也只有两类，即能搭载 Intel CPU 的主板和能搭载 AMD CPU 的主板。

Intel CPU 架构的主板包括 LGA 2066、LGA 1151、LGA 1150、LGA 1155 等；

AMD CPU 架构的主板包括 Socket TR4、Socket sTRX4、Socket AM4、Socket AM3+、Socket FM2+、Socket FM2 等。

2.7.5 按整合主板分类

整合型主板（All-In-One，集成型主板），就是主板上集成了音频、视频处理芯片和网络数据处理芯片，也就是说，显卡、声卡、网卡等扩展卡都被做到了主板上。集成显卡的功能一般整合到北桥芯片中，现在 Intel "酷睿微架构"处理器芯片也集成了显卡功能。集成显卡的一个重要特点就是没有独立的显存，而是采用共享插在主板的内存条中的存储空间。

现在市场上多数主板是整合型主板，非整合型主板已经很难找到了，所以这种分类方式只针对 All-In-One 这个类型。

2.8 主板的结构

2.8.1 PCB 基板

PCB（Printed Circuit Board，印刷电路板）基板由多层 PCB 构成，在每一层 PCB 上都密布有信号走线，各层之间信号的连接由金属化的过孔完成，如图 2-2-5 所示。

多层印制板的制造以内芯薄型覆铜箔板为基底，将导电图形层与半固化片交替地经一次性层压黏合在一起，形成三层以上导电图形层间互连。它具有导电、绝缘和支撑三个方面的功能。多层印制板的性能、质量、制造中的加工性、制造成本、制造水平等，在很大程度上取决于基板的材料。

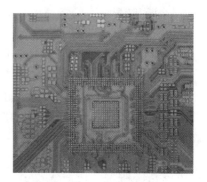

图 2-2-5 印刷电路板

2.8.2 CPU 插座

CPU 安装到主板 CPU 插座上有两种方法实现：一种是由 CPU 的接触片和插座的弹簧针实现连接称为"触点—弹簧针"式连接；另一种是由 CPU 的插针和插座的插孔实现连接称为"插针—插座"式连接。

"触点—弹簧针"式的 CPU 插座又包括：LGA 2066（2066 个触点）、LGA 1151（1151 个触点）、LGA 1150（1150 个触点）、LGA 1155（1155 个触点）、Socket TR4（4094 个触点）、Socket sTRX4（4094 个触点）等，如图 2-2-6～图 2-2-11 所示。

图 2-2-6 LGA2066

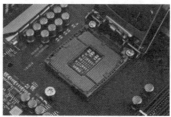

图 2-2-7 LGA 1151

图 2-2-8 LGA 1150

图 2-2-9 LGA 1155

图 2-2-10 Socket TR4

图 2-2-11 Socket sTRX4

"插针—插座"式的 CPU 插座有：Socket AM4（1331 个针脚）、Socket AM3+（938 个针脚）等，如图 2-2-12～图 2-2-15 所示。

图 2-2-12　Socket AM4

图 2-2-13　Socket AM3+

图 2-2-14　Socket FM2+

图 2-2-15　Socket FM2

2.8.3　各种挡板

主板提供很多接口，有的是插针，有的是接口，因为购买的机箱形状千差万别，绝大部分机箱并不能全部利用上主板提供的各种接口或插针，但是机箱会有部分可拆卸的挡板区域，可以充分利用好挡板拆下来后的空置区域，购买主板剩余接口对应的机箱挡板接口拓展设备，使主板能够物尽其用，如图 2-2-16 所示。

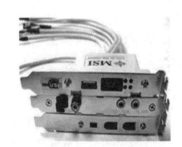

图 2-2-16　各种挡板

2.8.4　总线扩展插槽

主板上的扩展插槽曾经是多种多样的，如曾经非常流行的组合就是 PCI 插槽搭配 AGP 插槽，其中 AGP 插槽主要用在显卡上，而 PCI 插槽的用途则更广一些，不仅能用在显卡上，还能用于扩展其他设备，如网卡、声卡、调制解调器等。这两种插槽曾经共同为广大 DIY 玩家服役多年，然而在一个速率更高、扩展性更强的插槽出现后，它们就快速退出舞台，被后者彻底取代了。

PCI（Peripheral Component Interconnect）是一种由 Intel 公司 1991 年推出的用于定义局部总线的标准。PCI 扩展插槽的特点是即插即用、中断共享。PCI 的优点是总线结构简单、成本低、设计简单，其缺点也比较明显，并行总线无法连接太多设备，总线扩展性比较差，线间干扰将导致系统无法正常工作；当连接多个设备时，总线有效带宽将大幅降低，传输速率变慢；为了降低成本并尽可能地减少相互间的干扰，需要减少总线带宽，或者地址总线和数据总线采用复用方式设计，这样就降低了带宽利用率。PCI Express 总线则完美地解决了 PCI 总线的缺点，如图 2-2-17 所示。

图 2-2-17　PCI Express 总线

现在新型的主板为了节省空间，已经不再搭载 PCI 扩展插槽了，取而代之的是多个 PCI Express 总线接口。

2.8.5　显卡接口插槽

PCI Express（PCI-E）是新一代的总线接口。早在 2001 年的春季，Intel 公司就提出了要用新一代的技术取代 PCI 总线和多种芯片的内部连接，并称之为第三代 I/O 总线技术。2001 年年底，包括 Intel、AMD、DELL、IBM 在内的 20 多家业界主导公司开始起草新技术的规范，并在 2002 年完成，对其正式命名为 PCI Express。它采用了业内流行的点对点串行连接，比 PCI 及更早期的计算机总线的共享并行架构，每个设备都有自己的专用连接，不需要向整个总线请求带宽，而且可以把数据传输率提高到一个很高的频率，达到传统 PCI 插槽所不能提供的高带宽。

PCI Express 的接口根据总线位宽不同而有所差异，包括×1、×4、×8 和×16（×2 模式用于内部接口而非插槽模式），如图 2-2-18 所示。较短的 PCI Express 卡可以插入较长的 PCI Express 插槽中使用。PCI Express 接口能够支持热插拔，这也是个不小的飞跃。PCI Express 卡支持的 3 种电压分别为 3.3V、3.3V AUX（即 3V 带挂起—恢复模式）和 12V，用于取代 AGP 接口的 PCI Express 接口位宽为×16，将能够提供 5GB/s 的带宽，即便有编码上的损耗也能够提供 4GB/s 左右的实际带宽，远远超过 AGP 8X 的 2.1GB/s 的带宽。

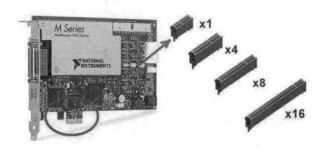

图 2-2-18　PCI Express 扩展插槽

PCI Express 规格支持从 1 条通道到 32 条通道的连接，有非常强的伸缩性，以满足不同系统设备对数据传输带宽不同的需求。如 PCI Express ×1 规格支持双向数据传输，每个单向数据传输带宽 250MB/s，它已经可以满足主流声效芯片、网卡芯片和存储设备对数据传输带宽的需求，但还无法满足图形芯片对数据传输带宽的需求。因此，有必要采用 PCI Express ×16，即 16 条点对点数据传输通道来取代传统的 AGP 总线。PCI Express ×16 也支持双向数据传输，每个单向数据传输带宽高达 4GB/s，双向数据传输带宽有 8GB/s 之多，相比之下，曾经广泛使用的 AGP 8X 数据传输只提供 2.1GB/s 的数据传输带宽。而经历多年的发展，从 PCI Express 1.0 版本进化到了现在的 PCI Express 3.0 版本，在 PCI Express 3.0 版本规格下，PCI Express ×16 接口的双向数据传输速度能达到 32GB/s，现在 PCI Express 4.0 版本已经研制成功，不久就会进行大规模的商用生产。

2.8.6 内存条插槽

内存条插槽 DIMM 的作用是安装内存条，从出现 DIMM 至今内存条的代系变迁一共经历了 SDRAM 插槽、DDR 插槽、DDR2 插槽、DDR3 插槽和 DDR4 插槽五代内存插槽的发展，如图 2-2-19～图 2-2-21 所示。

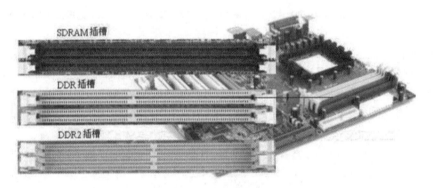

图 2-2-19 SDRAM 插槽和 DDR2 插槽的对比

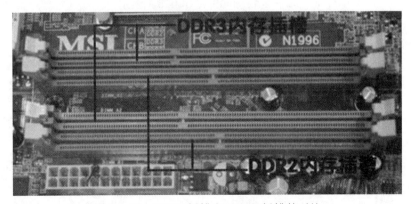

图 2-2-20 DDR3 插槽和 DDR2 插槽的对比

图 2-2-21　DDR4 DIMM 插槽

2.8.7　BIOS 和 CMOS 单元

BIOS（Basic Input Output System，基本输入/输出系统），它的全称是 ROM BIOS，即只读存储器中的基本输入/输出系统。BIOS 程序是计算机中最基础、最重要的程序，可提供最底层、最直接的硬件控制。这段程序保存在主板上的一个只读存储器（ROM）芯片中。

CMOS（Complementary Metal Oxide Semiconductor，互补金属氧化物半导体），它在主板上是一个 RAM 存储器芯片，负责保存 CMOS 设置的所有参数，如密码、CPU 频率、内存频率等。由于 CMOS 耗电量低，因而保存的参数可以在主机断电后，用电池维持很长时间不会丢失。如果 CMOS 参数设置错误或者 CMOS 密码遗忘等导致计算机不能启动，都可以使用主板上的跳线器清除 CMOS 芯片中的信息。设置 CMOS 时也可采用主板厂商的默认参数，即恢复到主板出厂时的模式。

BIOS 和 CMOS 的区别如表 2-2-1 所示。

表 2-2-1　BIOS 和 CMOS 的区别

	存储器种类	存放内容	信息保持
BIOS	ROM	程序	固件
CMOS	RAM	参数	电池

BIOS 和 CMOS 的共同点为只要纽扣电池有电，关机后信息都不会丢失。

2.8.8　供电单元

主板供电包括三个部分，分别是主板电源供电单元、CPU 供电单元和 CMOS 供电单元。

1. 主板电源供电单元

主板电源供电单元使用 ATX 电源排针的标准，即 20 针及 24 针 ATX 电源插座外观，如图 2-2-22 所示。

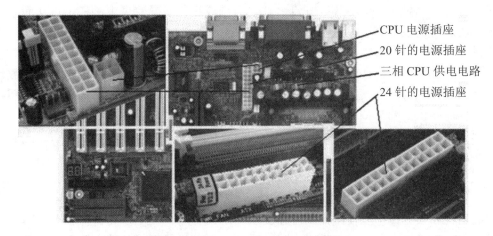

图 2-2-22　20 针及 24 针 ATX 电源插座外观

ATX 电源排针（Pin）的标准定义如下。

14 针（Pin 14 PS-ON）就是控制电源开启/关闭的。但是单个针没有回路怎么控制开关呢？其实所有的地线（GND）都可以与其他任意针组成回路，所谓"低电位"开启、"高电位"关闭，就是当 Pin 14 针与 GND 针短接后，Pin 14 针本身的电位就降低了，电源也就开启了，反之亦然。因此，要想无主板开启 ATX 电源，只需要将 Pin 14 针（绿色线）与任意一个 GND 针（黑色线）短接就可以了。

使用 20 针电源时，必须把电源插接在第一针上，而 11 针、12 针、23 针、24 针不要连接。

24 针电源针脚定义：①+3.3V；②+3.3V；③地线；④+5V；⑤地线；⑥+5V；⑦地线；⑧PWRGD（供电良好）；⑨+5V（待机）；⑩+12V；⑪+12V；⑫2*12 连接器侦察；⑬+3.3V；⑭-12V；⑮地线；⑯PS-ON（电源供应远程开关），PS-ON 和地线短接可以手动开启电源；⑰地线；⑱地线；⑲地线；⑳无连接；㉑+5V；㉒+5V；㉓+5V；㉔地线。

2. CPU 供电单元

CPU 供电部分由"多相并联"控制电路组成，其中比较标准的每一相供电是由 1 个电容、1 个电感、1 对 MOS 管组成的，还有 1 块 PWM 芯片负责控制，它决定了供电相数。不过也有"每相 2 个电感"这种的组合，或者说"2 上 2 下"4 个一组的 MOS 管等配置，用料越多越奢华，但也要看使用元器件的品牌和具体的型号规格，有一些差的 8 相可能还比不过一些稍微好点的 6 相。

（1）电容的作用：它主要起到滤波的作用（高通），在运行的过程中可保证电压、电流的稳定，就像蓄水池一样，忽高忽低的水流入后，再缓缓地流出。

（2）电感的作用：电感也负责滤波（低通），简单地说，就是净化电流、提高稳定性，它就像水车一样，突然下来的高速水流会被阻挡，可作为一个缓冲。倍相电感则需要通过倍相芯片的介入，其实际效果接近原生相数，但发热也大，其实际性能可以理解为"原生 8 相→倍相 8 相→原生 6 相→并联 8 相≈原生 4 相"。

（3）MOS 管的作用：它主要用于为硬件设备稳定电压，其中 CPU、内存、显卡等硬件都会使用，并且体积非常小，但它的发热量较大，所以常常会覆盖上一大块散热器。在极限超频时,如果 MOS 散热部分没做好也会造成过热,导致供电不稳定,从而影响超频效果,所以有的主板甚至设置了 MOS 水冷散热,如华硕当年的 M7F,官方就预留了水冷孔,以方便玩家自己 DIY 进行"水冷"。

一般来说,每一相供电根据用料的不同、能够负载 20~30A 左右的电流,相数越多能够承载的电流也就越大,所以用料越丰厚,运行相对就越稳定,尤其在超频时,功耗大幅提升就更需要供电的支持了。

那么如何判断一块主板有几相供电呢?①可以根据 PWM 芯片型号查清最大能支持几相;②可以拆下散热器看有几个 MOS 管;③数一下电容的数量。

但是光凭堆料并不能完全发挥主板的效果,更重要的还要有 BIOS 的支持,主板就像一辆优质赛车,BIOS 就像职业赛车手,赛车本身配置很好,再由职业赛车手开就会更快。稳固的用料和设计,可以使产品的寿命更长些。只有所有的电子元器件各司其职、相辅相成,才能让设备稳定运行。主板供电虽然重要,但是只要选择品牌主板基本上都不会出问题,如果不超频只是普通使用,并不用追求太豪华的用料,主板更多的差异体现在总线带宽、PCI Express 接口、接口数量、各种技术等多方面,所以选择时应根据自己的需要来进行。

3. CMOS 供电单元

CMOS 分两路供电:一路由主板的 3.3V 供电;另一路由 CMOS 电池供电。如果主板没有断电(家里没有停电,也没有拔掉电源线),则 CMOS 这块 RAM 芯片由主板的 3.3V 进行供电;如果主板掉电了,那么为了保持 CMOS 供电,则会切换到电池供电线路,开始由主板的纽扣电池提供电力,如图 2-2-23 所示。

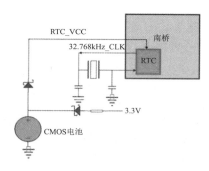

图 2-2-23 CMOS 供电

2.8.9 硬盘、光驱的连接口

硬盘、光驱、软驱等外部存储设备都是通过数据连接线与主板进行数据交换的,那么主板就必须提供数据线连接的接口。数据连接接口通过了多代发展,现在部分接口已经不再搭载在主板上了,如 IDE 接口。新型数据接口可提供更快、更稳定的传输速度,如 SATA 接口、M.2 接口,以及使用总线进行数据通信的技术,如采用 PCI-E 技术传输数据的固态硬盘。

1. IDE 接口

IDE 接口就是硬盘驱动器,对于计算机用户来说,IDE 接口技术的出现加快了硬盘安装的速度，对于生产硬盘的厂家来说，IDE 接口技术也加快了硬盘生产制造的速度，可帮助数据更可靠地进行传输。

IDE 接口种类有 ATA-1、ATA-2、ATA-3、ATA-4、ATA-5、ATA-6、ATA-7 这七代，其中最具代表性也是中国用户曾经接触最多的是 ATA-5、ATA-6 和 ATA-7，即 Ultra DMA 66/100/133 这个 40 针的插槽，曾用它连接光驱，如图 2-2-24 所示。

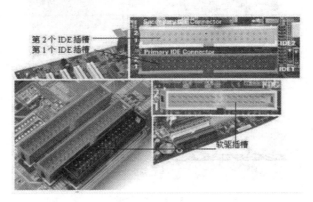

图 2-2-24　IDE 插槽

ATA-7 是 ATA 接口的最后一个版本，也叫 ATA 133，之后所有硬盘厂商都停止了对 IDE 接口的开发，转而生产 Serial ATA 接口标准的硬盘。ATA 133 接口虽然支持 133MB/s 数据传输速度，但是这种并行接口的电缆属性、连接器和信号协议都出现了很大的技术瓶颈，而且在技术上很难突破。因此，新型硬盘接口标准的产生也就在所难免了。

2. SATA 接口

SATA 接口是由 Intel、IBM、Dell、APT、Maxtor 和 Seagate 等公司于 2001 年共同提出的硬盘接口规范，如图 2-2-25 所示。

图 2-2-25　SATA 接口

SATA 接口一共经历了三代，现在 SATA 3 接口是机械硬盘最普及的数据连接方式，也是部分固态硬盘采用的连接方式。作为目前应用最多的硬盘接口，SATA 3 接口的最大优势就是成熟。它的传输速度完全可以满足普通 2.5 英寸 SSD 固态硬盘和 HDD 机械硬盘的需求，其理论传输带宽为 6Gbit/s，500MB/s 多的读写速度也够用，它适用的平台也较为广泛，基本上带 SATA 接口的设备，接 SATA SSD 固态硬盘都没有问题。

3. M.2 接口

M.2 接口的宽度为 22mm，单面厚度为 2.75mm，双面闪存布局为 3.85mm 厚，但 M.2 接口具有丰富的可扩展性，最长可以做到 110mm，能够提高 SSD 的容量，如图 2-2-26 所示。

图 2-2-26　M.2 接口

M.2 接口也细分为两种：Socket 2 和 Socket 3。前者支持 SATA、PCI-E×2 硬盘接口，理论读写速度分别可达到 700MB/s、500MB/s；后者专为高性能能存储设计，支持 PCI-E×4 硬盘接口，其理论硬盘接口速度高达 32Gbit/s，可超 5 倍于 SATA 接口。

4. PCI-E 接口

传统 SATA 硬盘进行数据操作时，数据会先从硬盘读取到内存，再将数据提取至 CPU 内部进行计算，计算后写入内存，存储至硬盘中；而 PCI-E 不一样，其数据直接通过总线与 CPU 直连，省去了内存调用硬盘的过程，传输效率与速度都能成倍提升。很显然，PCI-E SSD 固态硬盘的传输速度远远大于 SATA SSD 固态硬盘，如图 2-2-27 所示。

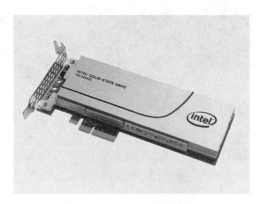

图 2-2-27　PCI-E 硬盘接口

目前 PCI-E 硬盘接口通道有 PCI-E 2×2 及 PCI-E 3×4 两种，最大速度达到 32Gbit/s，可以满足未来一段时间的使用，而且早期 PCI-E 硬盘不能做启动盘的问题已解决，现在旗舰级 SSD 固态硬盘大多会选择 PCI-E 接口。

2.8.10 跳线、DIP、插针

主板的"跳线"从外观上看就是镶嵌在主板上的跳线柱，以及套在这些跳线柱上的跳线夹。跳线的作用是调整设备不同电信号的通断关系，以此调节设备的工作状态。当跳线夹同时套上两根跳线柱时，就表明将这两根跳线柱连通了，如果只套上一根或没有套上，则说明是断开的。调整跳线非常重要，如果跳错了，轻则死机，严重的可以烧毁整个设备，所以在调整跳线时一定要仔细阅读说明书，核对跳线名称、跳线柱编号和通断关系。主板上的跳线一般包括 CPU 设置跳线、CMOS 清除跳线、BIOS 禁止写跳线等。

DIP 开关只是把跳线做成了开关模样，作用和上述跳线的作用相同，如图 2-2-28 所示。

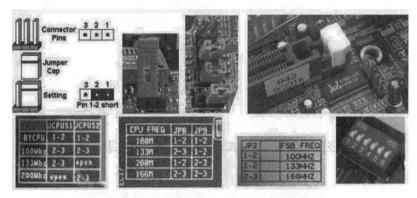

图 2-2-28　跳线、DIP 及主板上的跳线说明

主板上的插针有多组用于器件的连接，其中最重要的是前置机箱面板插针。一般机箱里的连接线都是采用文字对每组连接线的定义进行了标注，这些线上的标注都是相关英文的缩写，并不难记，如电源开关为 POWER SW（机箱前面的开机按钮）、复位/重启开关为 RESET SW（机箱前面的重启按钮）、电源指示灯为+/-、硬盘状态指示灯为 HDD LED、报警器为 SPEAKER、前置 USB 接口为 USB、音频连接线为 AUDIO 等。这些线需要插入相对应的插针才能正常运作，插针位置一般都在 ATX 主板的最下部边缘，如图 2-2-29 和图 2-2-30 所示。

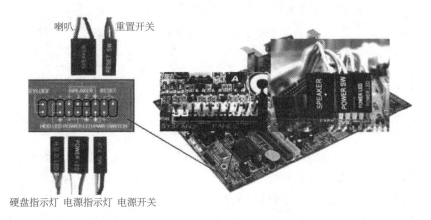

图 2-2-29　机箱前置功能面板插针

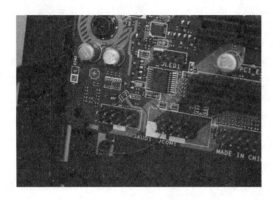

图 2-2-30　前置音频接口插针

2.8.11　I/O 接口面板

装好主板后，主板的 I/O 接口面板处于机箱背部，是用来连接其他外部设备预留的接口，也是主板对各种外设兼容性的体现。在 I/O 接口面板上，一般会预留集成显卡视频输出口（VGA、DVI、HDMI 或者 DP）、集成网卡接口、音频接口、大量 USB 接口（USB 2.0、USB 3.0、USB 3.1 等）、PS/2 键鼠接口等，如果主板有 IEEE 1394 控制芯片，在 I/O 面板处还能找到"火线"接口，以及一些主板厂商提供的特色接口等，如图 2-2-31 所示。

图 2-2-31　I/O 接口面板

2.9　主流主板芯片组

如果说中央处理器（CPU）是整个计算机系统的大脑，那么芯片组就是整个身体的心脏。对于主板而言，芯片组几乎决定了这块主板的功能，进而影响到整个计算机系统性能的发挥，芯片组是主板的灵魂。芯片组性能的优劣，决定了主板性能的发挥。

到目前为止，能够生产芯片组的厂家有 VIA（中国台湾威盛）、SiS（中国台湾矽统）、ULI（中国台湾宇力）、ALi（中国台湾扬智）、Intel（美国）、AMD（美国超微）、NVIDIA（美国英伟达）、ATI（加拿大冶天现已被 AMD 收购）、ServerWorks（美国）、IBM（美国）、HP（美国）等，其中以 Intel 和 AMD 及 NVIDIA 公司的芯片组最为常见。在台式机的 Intel

平台上，Intel 和 AMD 两家公司设计生产的芯片组占有最大的市场份额，而且产品线齐全，高、中、低端以及整合型产品都有，其他的芯片组厂商 VIA、SIS、ULI、NVIDIA 加起来也只占有比较小的市场份额，除 NVIDIA 外的其他厂家的产品主要是在中、低端和整合领域，而 NVIDIA 则只具有中、高端产品。这些厂商不提供低端产品，产品线都不完整。

下面介绍 Intel 芯片组和 AMD 芯片组。

2.9.1　Intel 芯片组

1. B 系列（如 B150、B250）

该系列属于入门级产品，不具备超频和多卡互联的功能，其接口及插槽数量也相对少一些。

2. H 系列（如 H170）

该系列比 B 系列略微高端一些，可以支持多卡互联，其接口及插槽数量有所增长。

3. Z 系列（如 Z270、Z370）

该系列除了具备 H 系列的特点，还能够对 CPU 进行超频，并且其接口和插槽数量非常丰富。

4. X 系列（如 X99、X299）

该系列可支持 Intel 至尊系列高端处理器，同时具备 Z 系列的各项特点。

此外，Intel 的 100 系列和 200 系列主板可以搭配第六代酷睿处理器和第七代酷睿处理器。Intel 300 的系列主板可搭配第八代酷睿处理器，X299 系列主板可搭配第七代至尊系列酷睿处理器。

2.9.2　AMD 芯片组

1. AMD 300 系列芯片组（X370、B350、A320 等）

作为 Ryzen 处理器的平台，300 系列芯片组对 AM4 插槽进行了升级，但是依然采用 PGA 方式封装，CPU 背面可以看到密密麻麻的镀金针脚。AM4 主板属于首次支持 DDR4 内存，且仅支持双通道内存。CPU 与南桥之间的连接为 PCI-E 3.0×4，也就是 Ryzen 处理器提供的 24 条 PCI-E 3.0 已经有 4 条被占用，剩下 20 条分为 PCI-E ×16 和 M.2 SDD PCI-E ×4。AMD 在 B350 芯片组中去掉了 SLI 的支持，A320 芯片组不提供显卡交叉火力的支持。CPU 内部提供了 2 个 SATA 6Gbit/s 接口与 4 个 USB 3.0 接口，当使用了 M.2 SSD 之后 2 个 SATA 接口会被屏蔽。得益于 CPU 与南桥之间使用了 PCI-E 通道，AM4 主板所支持的 USB 接口数大幅度提高，其中 X370 芯片组能提供 USB 3.1 接口 2 个、USB 3.0 接口 10 个、USB 2.0 接口 6 个，B350 芯片组只削减了 4 个 USB 3.0 接口，而 A320 芯片组则继续削减了 1 个 USB 3.1 接口。

AMD 300 系列芯片组在升级 BIOS 后可以支持 Zen+处理器，如图 2-2-32 所示。

图 2-2-32　X370 主板

2. AMD 400 系列芯片组（X470、B450 等）

AMD 在 400 系列芯片组中加入了 AMD StoreMI 技术，可以让容量较小的固态硬盘与容量较大的机械硬盘"融合"成为一个驱动器，从而兼顾了容量与数据访问速度。AMD 400 系列芯片组仍然支持 AM4 处理器，也提供了对 Zen+ 处理器的支持，如图 2-2-33 所示。

图 2-2-33　X470 主板

为了区分中端和高端产品，AMD 在 B350 芯片组和 B450 芯片组中提供了 USB 3.1 Gen2 接口 2 个、USB 3.1 Gen1 接口 2 个和 USB 2.0 接口 6 个，而 X370 芯片组和 X470 芯片组中提供了 USB 3.1 Gen2 接口 2 个、USB 3.1 Gen1 接口 6 个和 USB 2.0 接口 6 个。

3. AMD 500 系列芯片组：X570

随着第三代锐龙处理器的到来，AMD 推出了 500 系列芯片组。X570 是首款支持 PCI-E 4.0 的主板芯片组，它提供了 PCI-E 4.0 通道 16 条，并提供 SATA 6Gbit/s 接口 12 个，还有 USB 3.1 Gen2 接口 8 个、USB 2.0 接口 4 个，X570 芯片组扩展能力相当强大，然而 PCI-E 4.0 控制器的发热量也很可观，根据主板厂商提供的这款芯片的 TDP 有 12W，所以现在的 X570 主板在南桥上加了个小风扇以强化散热。AMD 官方公布整套 X570 平台一共有 PCI-E

4.0 通道 40 条，USB 3.1 Gen2 接口 12 个和 SATA 6Gbit/s 接口 14 个，如图 2-2-34 所示。

图 2-2-34　X570 主板

PCI-E 4.0 的最大受益者并不是显卡，因为对显卡来说根本不需要那么高的带宽。最大的受益者是 SSD，现在许多高性能 M.2 SSD 都已经触碰到了 PCI-E 3.0×4 的极限，因此，升级带宽刻不容缓，如果把通道数升到×8 不太现实，M.2 接口的规格放在那里，要装×8 的只能用 AIC，所以最好的方法就是从 PCI-E 3.0 升到 PCI-E 4.0，这样 M.2 接口的带宽就能从 4GB/s 翻倍到 8GB/s 了。

2.10　主板选购常识

选购主板是整机选购中最为重要的环节，因为主板搭载的接口和芯片组的能力限制了其他部件的选择范围，所以选择主板绝对不能盲目。

2.10.1　主板对 CPU 的支持

主板芯片组对应支持的 CPU 可以通过主板官方渠道查询，从资料上确认，并从 CPU 插槽上观察所选主板是否支持所要选购的 CPU。

2.10.2　主板对内存的支持

主板对内存的类型、频率、最大容量等的限制取决于主板芯片组的能力，通过查询主板芯片组即可获得相关数据，从主板表面上能直接看到的是内存条插槽数量和技术指标代系。

2.10.3　主板的存储扩展能力

主板的存储扩展能力主要表现在对显卡和硬盘的支持上，包括主板所使用的 PCI-E 插槽的标准和数量决定了显卡信号传输的最大带宽；主板所使用的存储接口类型，它决定了若使用独立显卡时，购买 SSD 固态硬盘时应选择的接口类型，以及 SSD 固态硬盘的读写速度。

2.10.4 主板所搭载的芯片组性能的优劣

主板所搭载的芯片组一定程度上决定了整机的速度,以及主板的价格高低,除北桥芯片的能力之外,还应关注芯片组中的集成声卡芯片和集成网卡芯片,它们直接决定了整机对音频的解析能力和上网的能力,如果在预算时已决定购买独立显卡,可以不用关注集成显卡的能力。

2.10.5 主板所搭载的 I/O 接口

经常在查看了主板所搭载的芯片组能力后,发现主板提供的 I/O 接口并没有达到芯片组的能力上限,所以弄清楚每一款主板所搭载的 I/O 接口类型和数量也很重要。I/O 接口类型及数量和主板的价格直接挂钩,搭载的新技术接口越多就会越贵。

2.10.6 主板的硬件监控能力

主板对硬件的监控能力主要体现就是 BIOS 的能力。BIOS 是被固化到主板上的,为计算机提供最底层、最直接的硬件控制程序。通俗地说,BIOS 是硬件与软件程序之间的一个控制器或者说是接口程序,负责解决硬件的即时要求,并按软件对硬件的操作要求具体执行。而主板可使用各部件的传感器告知 BIOS 硬件的实时状态。

2.10.7 积累选购主板的经验

虽然掌握了主板的相关知识,但面对繁多的主板种类还是会犯难的,所以应该积累一些选购主板的经验。

1. 找到自己最心仪的品牌,并持续关注它

品牌的选择显得极为重要,因为主板的品牌是靠时间检验过的,大厂商往往不会为了蝇头小利而放弃自身产品的口碑,所以品牌效应在主板选购上也能体现一二。

2. 主板平台的选择

当前主流的主板平台就是 Intel 和 AMD,如果选购 Intel 公司旗下的 CPU 那就要使用 Intel 主板平台;如果选购 AMD 公司的 CPU 那就要使用 AMD 主板平台,这样绝对不会出现硬件冲突,可省时省力。

3. 观察印刷电路板

现在市场中的主板有 4 层板、6 层板、8 层板,甚至更多,最常见的为 6 层板。一般情况选 6 层板即可,因为它的性能更为稳定。

4. 看布局

不同主板的各种接口及芯片在遵循 ATX 架构的基础上,都会有小幅度的调整,那么在选择时就应该关注主板的布局,如观察所选主板是否方便拆装 CPU 风扇,或者芯片组的位置是否合理等。

5. 看主板焊接质量

大厂商的主板一般不会出现因焊接问题而造成的故障，但是在选择不知名品牌或者新崛起品牌时，还是应该仔细查看焊接这种细节上的问题，毕竟细节决定成败。

> **温馨提示**
>
> 主板上会有很多特别细小的孔，这些孔并没有用来焊接元件，为什么还要留着呢？这种细孔叫做通孔，因为主板的PCB有很多层，通孔的作用就是连接PCB不同层面上的信号或者电源，有导通的作用。通孔有三种，其中贯穿整个PCB的叫全通导孔；连接到板面的叫盲导孔；在板内的叫埋通孔，当然，埋通孔一般是看不到的。

任务三　内部存储器

任务分析：

内部存储器（简称内存）在计算机中扮演着数据存储中心的作用，CPU能调用和已经处理过的所有数据都存储在内存中。任务三分为五部分，分别是内存概述、内存分类、内存条的结构、主流内存条的品牌和内存条的选购常识。需重点掌握内存分类和内存条结构的相关知识，只有对内存有足够的了解才能在选购中加以甄别，做到心中有数。

2.11　内存概述

内存是用于存放数据与指令的半导体存储单元，包括RAM（随机存取存储器）、ROM（只读存储器）和Cache（高速缓存）三部分。由于RAM的作用最为重要和明显，所以人们就习惯于将RAM直接称为内存。

内存是计算机中重要的部件之一，它是外部存储器（简称外存，例如硬盘）与CPU进行沟通的桥梁。计算机中所有程序的运行都是在内存中进行的，因此，内存的性能对计算机的影响非常大。内存用于暂时存放CPU中的运算数据，以及与硬盘等外部存储器交换的数据。只要计算机在运行中，操作系统就会把需要运算的数据从内存调到CPU中进行运算，当运算完成后CPU再将结果传送出来，内存的运行也决定了计算机的稳定性。

2.12 内存的分类

2.12.1 按内存的工作原理分类

内存按照工作原理进行分类可以分为 RAM 和 ROM 两类。

1. ROM

ROM 是一种不靠电源保持信息，只能读取，不能随意改变内容的存储器。根据把数据存入 ROM 的方式不同，ROM 分为以下五类。

（1）ROM

ROM（Read Only Memory，只读存储器）生产厂可一次性写入数据，其批量大、价格低、数据可靠。在制造过程中，将资料以特制光罩（mask）烧录于线路中，资料内容在写入后不能更改，所以又称为"光罩式只读内存"（mask ROM）。

（2）PROM

PROM（Programmable Read Only Memory，可编程只读存储器）内部有行列式的熔丝，需要使用电流将其烧断，写入所需的资料，但仅能写入一次。PROM 在出厂时，存储的内容全为 1，用户可以根据需要将其中的某些单元写入数据 0（部分的 PROM 在出厂时数据全为 0，则用户可以将其中的部分单元写入 1），实现对其编程的目的。

（3）EPROM

EPROM（Erasable Programmable Read Only Memory，可擦可编程只读存储器）利用高电压将资料编程写入，擦除时将线路曝光于紫外线下，资料就可被清空，并且可重复使用。通常在封装外壳上预留一个石英透明窗以方便曝光。

（4）EEPROM

EEPROM（Electrically Erasable Programmable Read Only Memory，电可擦除可编程只读存储器）的原理类似 EPROM，但是擦除的方式是使用高电场来完成的，因此不需要预留透明窗。

（5）闪存

闪存（Flash Memory，快速闪存存储器）的每个记忆体都具有一个"控制闸"和"浮动闸"，利用高电场改变浮动闸的临限电压即可进行编程动作。因为它具有读写速度快的特点，广泛应用于家用 U 盘和 SSD 固态硬盘生产中，已有取代机械硬盘的态势。但由于闪存的使用寿命相对较短并且数据丢失后不可恢复，所以，用磁信号为存储原理的机械硬盘并不会完全退出市场。

2. RAM

RAM（Random Access Memory，随机存取存储器）可以随时从任何一个指定的地址写入（存入）或读出（取出）信息。它与 ROM 的最大区别是数据的易失性，一旦断电其所存储的数据就会丢失。RAM 在计算机和数字系统中用来暂时存储程序、数据和中间结果。

根据其制造原理不同，RAM 分为 SRAM 静态随机存储器和 DRAM 动态随机存储器两类，现在的 RAM 多为 MOS 型半导体电路。

（1）SRAM

SRAM（Static RAM，静态随机存储器）的制造原理为双稳电路。它的运行速度快、成本高、容量小，适合做高速 Cache，其电路结构示意如图 2-3-1 所示。

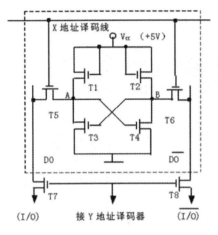

读写必须 XY 译码线为 1，使 T5-T8 导通；

读：A 点电位通过 T5、T7 到 I/O 输出；
B 点电位反相输出；

写 1：I/O=1→A=1（短时）→T4 导通→B=0→T3 截止→A=1（保持）。

写 0：I/O=0→A=0（短时）→T4 截止→B=1→T3 导通→A=0（保持）。

图 2-3-1　SRAM 电路结构示意

（2）DRAM

DRAM（Dynamic RAM，动态随机存储器）的制造原理为晶体管+电容，需刷新（充电）保持信息。它的运行速度稍慢，集成度高，成本低适合做主存，其电路结构示意如图 2-3-2 所示。

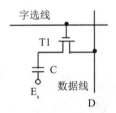

读写操作必须字选线为 1，使 T1 导通。

读：C 的电位通过 T1 到 D 输出。

写 1：D=1→C=1，定时刷新。

写 0：D=0→C=0，定时刷新。

图 2-3-2　DRAM 电路结构示意

2.12.2　按内存的外观分类

1. 双列直插封装内存芯片

DIP（Double Inline Package，双列直插封装内存芯片），一般每排都有若干只引脚。其容量包括 64kbit、256kbit 或 1024kbit、1024×4kbit 等，如图 2-3-3 所示。

图 2-3-3　双列直插封装内存芯片

2. 内存条（内存模块）

内存条（Double Inline Memory Module，简称 DIMM），内存模块具有 64 位有效数据位，包括 168 线的 SDRAM、184 线的 DDR、240 线的 DDR2、DDR3、DDR4 的内存条，所谓内存条线数即引脚数。

2.12.3　按内存模块的不同标准分类

1. SDRAM（Synchronous DRAM，同步动态随机存取存储器）

SDRAM 的工作频率与系统总线频率同步，数据信号从每个脉冲的上升沿传送出去，其工作原理示意，如图 2-3-4 所示。

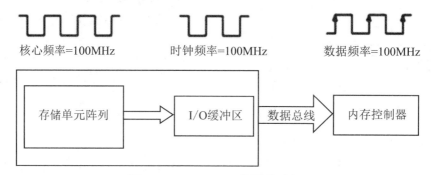

图 2-3-4　SDRAM 工作原理示意

过去，SDRAM 用在 Pentium 2 或 Pentium 3 级别的计算机上，有 168 线（接触点），采用 3.3V 工作电压，常见容量有 32MB、64MB、128MB 和 256MB。它可提供 64bit 数据位，常见的工作频率为 100MHz、133MHz。SDRAM 的一个特征是金手指有两个缺口，如图 2-3-5 所示。

图 2-3-5　SDRAM 内存条

2. DDR SDRAM（Double Data Rate SDRAM，双数据率 SDRAM）

DDR SDRAM（简称 DDR）与 SDRAM 一样，也是与系统总线时钟同步的。它采用 100MHz 的核心频率，通过两条线路同步传输到 I/O 缓存区，实现 200MHz 的数据传输频率。由于是两路传输，所以可以预读取 2bit 数据，其工作原理如图 2-3-6 所示。

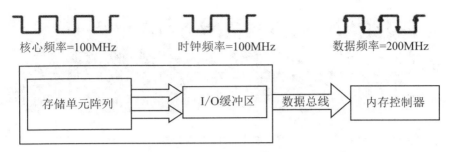

图 2-3-6 DDR 工作原理示意

DDR SDRAM 用在 Pentium 4 级别的计算机上，有 184 线，采用 2.5V 工作电压，常见容量有 128MB、256MB、512MB。它可提供 64bit 数据位，常见的数据频率有 200MHz、266MHz、333 MHz、400 MHz，对应频率双通道带宽分别为 3.2GB/s、4.2 GB/s、5.4 GB/s、6.4 GB/s。从 DDR SDRAM 开始至今，内存条缺口都只有一个，但是每代缺口离边距离有所不同，所以代系之间不兼容，如图 2-3-7 所示。

图 2-3-7 DDR SDRAM 内存条

3. DDR2 SDRAM

DDR2 SDRAM（简称 DDR2）与 DDR SDRAM 的基本原理类似，数据通过 4 条线路同步传输到 I/O 缓存区，4 位预读取，可实现 400MHz 的数据传输频率，DDR2 的工作原理如图 2-3-8 所示。

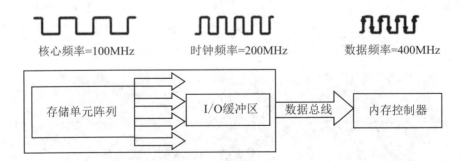

图 2-3-8 DDR2 的工作原理示意

DDR2 采用 240 线，1.8V 工作电压，4 位预读取，它可提供 64bit 数据位，内存条可用在 Pentium 4 级别的计算机上，早期酷睿级别主机也在使用 DDR2，它的容量有 256MB、512MB、1GB，工作频率为 400MHz、533MHz、667 MHz、800 MHz，其对应频率双通道带宽分别为 6.4GB/s、8.5 GB/s、10.6 GB/s、12.8 GB/s，如图 2-3-9 所示。

图 2-3-9　DDR2 内存条

4. DDR3 SDRAM

DDR3 SDRAM（简称 DDR3）与 DDR、DDR2 的基本原理类似，不再赘述。

DDR3 采用 240 线，1.5V 工作电压。由于电压的降低，不仅使内存拥有更好的电气特性，且更为节能。DDR3 预读取位数从 4bit 提升至 8bit，让内存运行频率大幅提升，其工作频率为 800MHz、1066MHz、1333MHz、1600MHz，对应频率双通道带宽分别为 12.8GB/s、17GB/s、21.2GB/s、25.6GB/s。它提供 64bit 数据，常见容量有 1GB、2GB、4GB、8GB。DDR3 内存条需要在 G33、P35、X38 等级以上的芯片组平台上运行，如图 2-3-10 所示。

图 2-3-10　DDR3 内存条

5. DDR4 SDRAM

DDR4 SDRAM（简称 DDR4）与 DDR、DDR2、DDR3 的基本原理类似，不再赘述。

DDR4 采用 240 线，1.2V 工作电压，更为节能。DDR4 把预读取位数从 8bit 提升至 16bit，让内存运行频率大幅提升，常见的工作频率为 2133MHz、2400MHz、3600 MHz、4133MHz 等。它可提供 128bit 数据位，常见容量有 4GB、8GB、16GB，如图 2-3-11 所示。

图 2-3-11　DDR4 内存条

2.13 内存条的结构

内存条的结构相对比较简单，在不大的 PCB 上所有部件一目了然，这里以一块 DDR 内存条为例，其结构包括 PCB、金手指、内存条固定卡缺口、金手指缺口、内存芯片、SPD 芯片、电容、电阻、标签等，如图 2-3-12 所示。

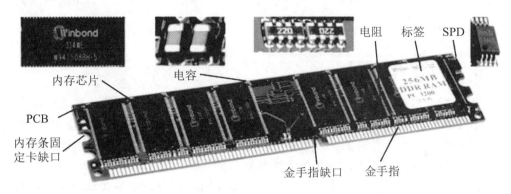

图 2-3-12　内存条的结构

1. **PCB**

PCB 承载内存芯片颗粒和连线，其作用和主板类似。

2. **金手指**

金手指与主板的电气连接介质，所有数据都通过金手指与主板的 DIMM 插槽紧密连接，并与主板紧密相接。

3. **内存条固定卡缺口**

内存条固定卡缺口的作用是把内存条稳固紧密地安装到主板上，以防止松动引起系统故障。

4. **金手指缺口**

金手指缺口用于内存条安装定位使用，可以达到防止插反、防止插错的目的。

5. **内存芯片**

内存芯片用于存放程序或数据，组成内存条。并可决定内存条的容量、速度和性能。

6. **SPD 芯片**

SPD（Serial Presence Detect，串行存在检测）芯片用于保存厂商写入的内存速度、容量参数等信息。它是一个 8 脚的 EEPROM 芯片，其容量为 256B。每次开机时，BIOS 都会自动读取 SPD 中所记录的信息，并正确识别出内存，使机器处于最佳的工作状态，确保系统的稳定。

7. **电容**

滤波，电容可以减少高频干扰。

8. 电阻

电阻可保证阻抗匹配，10Ω 的电阻主板兼容好，稳定性稍差。另外还有一种 22Ω 的电阻，常用于高质量内存条。

9. 标签

标签用于表达容量和厂商的信息。标签内容并不可全信，也有人为错误贴错标签的情况存在。

2.14 主流内存条的品牌

跟主板一样，内存条的品牌众多，根据中国管理科学研究院商业模式研究所数字经济研究中心在 2019 年 10 月发布的数据来看，目前国内排名前十的品牌分别是金士顿、威刚、海盗船、宇瞻、芝奇、十铨、海力士、英睿达、骇客、金泰克。根据"中关村在线"对于内存条品牌的排名统计，除上述品牌外，排名靠前的品牌还有影驰（第 4 位）、三星（第 8 位）、科赋（第 9 位）、金邦（第 10 位）、光威（第 14 位）、阿斯加特（第 15 位），其中以金士顿、芝奇、海盗船和威刚这四个品牌所占市场比例之和已超过 85%，是内存条品牌的佼佼者。

内存芯片（内存颗粒）是中国港台地区对内存的一种称呼。虽然内存条品牌众多，但是能够生产内存芯片的厂商却屈指可数，包括 SAMSUNG 三星（稳坐全球第一大存储芯片生产厂商之位）、Micron 镁光（曾叫美凯龙，世界第二大内存芯片制造商）、Hynix 海力士（原现代内存，2001 年更名）、Infineon 英飞凌（前身是德国西门子半导体部门，在中国经营多年，与阿里、联想、华为等中国企业有深入合作）等。

2.15 内存条的选购常识

因为 CPU 和芯片组都有自己支持的内存频率，所以通过筛选只需要确定内存条容量大小和品牌即可。下面从五个方面说明内存条选购中需要注意的事项。

1. 确定内存条的频率

内存条的频率越高，性能就越好。当选购多根内存条时，两根内存条的频率必须一致，否则计算机会自动按频率较低的内存频率计算，如单根 4GB 容量的 1600MHz 的内存条搭配一根 4GB 容量的 1866MHz 的内存条，计算机系统会将 1866MHz 自动降频为 1600MHz，最终计算机系统就是 8GB 容量和 1600MHz 内存频率。当然内存频率也不是越高越好，前提是 CPU 和主板芯片组的支持。

2. 确定内存条的容量

目前市场上的内存条一般为单根 4GB、8GB、16GB 的容量，如果想要更大的容量可以通过购买多条同品牌、同型号的内存进行加装即可，一般常见主板都是两根、四根的内存插槽，高端主板还会有更多的内存插槽支持。主流主板最高能够支持 64GB 内存，高端主板能够支持 128GB 超大内存。

3. 确定内存条的品牌

关于品牌，总体原则就是选择大品牌的内存条才能保证质量，不要因为贪便宜购买一些不熟悉品牌的内存条。金士顿属于大众化品牌，其市场占有率最高，是绝大多数用户装机的首选品牌。高端机使用海盗船、芝奇等也是不错之选。

4. 确定购买渠道

如果选择网购，推荐使用京东自营、各大品牌旗舰店以及品牌官网购买，千万不要进入钓鱼网站，也不要轻信小店铺的便宜货，因为很有可能会买到返修货、二手货或假冒伪劣商品。

如果选择实体店购买，一定要去大型的 3C 专卖店购买，如果时间宽裕推荐使用网购方式进行购买。

5. 关注内存条的价格

内存条的价格会因各方面因素产生周期性变化，如果有购买意愿，就要持续关注内存条价格的变化规律及具体价格，在低价位或者商家搞活动促销时购买才能收获高性价比的用户体验。

> **温馨提示**
>
> 前文主要基于台式机内存进行介绍，但在内存阵营里还有笔记本电脑内存和服务器内存。各种笔记本电脑内存在技术上和同时代规范的台式机内存相似，主要差别在于其更紧凑、针脚更紧密，拥有体积小、容量大、速度快、耗电低、散热好等特性。服务器内存则主要在于加入了如 ECC（检测数据错误并进行纠错）、ChipKill（比 ECC 更先进的技术，可同时检查并修复 4 个错误数据位）、热插拔技术等，具有更高的稳定性。

任务四　外部存储器

任务分析：

外部存储器在计算机中扮演着数据仓库的作用，计算机系统的所有数据都可以存储在外部存储器上。当计算机开机时，操作系统所需数据也是从外部存储器调入内存中才能被 CPU 使用，所以计算机启动速度与外部存储器的速度密切相关，当前制约计算机运行速度的因素除主板总线速度跟不上 CPU 的运算速度外，还有一个重要的制约因素就是外部存储器的读写速度不能跟上总线的读写速度。任务四分为六个部分，分别是外部存储器概述、机械硬盘的结构及性能指标、固态硬盘的结构及性能指标、移动存储器的简介、主流外部存储器的配置和外存储器的选购常识。学习需重点掌握机械硬盘的结构及性能指标部分、固态硬盘的结构及性能指标部分，只有对外部存储器有足够的了解才能在选购中加以甄别，做到心中有数。

2.16　外部存储器概述

外部存储器（外存）是指不能由 CPU 直接控制访问的存储设备，相对于内部存储器的高速，外部存储器普遍读写速度较低，但其存储容量巨大、价格相对较低，且具有掉电后信息不消失的特性，被广泛地用于计算机的存储领域。

外部存储器与内部存储器同为存储设备，哪些数据需要放在内部存储器，哪些数据需要放在外部存储器呢？简单地说，CPU 需要立刻调用才能完成程序制定工作的数据需要放入内部存储器，其他暂时不用的程序和数据都可以放在外部存储器中。相对于内部存储器主要选用 RAM 作为存储单元，外部存储器的最大优势就是数据的永存性，也就是断电后信息不消失。那么除 CPU 需要调用的程序和数据之外，在非调用状态时，用户的个人数据也可以存储在外部存储器中，如用户的文档、图片、视频、音频等文件。

外部存储器的种类繁多，常用的有机械硬盘（磁盘存储）、SSD 固态硬盘（闪存存储）、U 盘（闪存存储）、光盘（光盘存储）等。现在购买计算机的用户基本上不再配置光驱，但是光盘作为物美价廉的外部存储设备还没有被完全淘汰，部分图书或者资料会附赠一张光碟，那么如果要读取光盘内容，只需要单独购买一个 USB 接口的移动光驱即可。

2.17　机械硬盘的结构及性能指标

机械硬盘主要由硬磁盘片、磁头、磁盘主轴、控制电机、磁头控制器、数据转换器、接口、缓存等部分组成，如图 2-4-1 所示。

图 2-4-1　机械硬盘的机械结构

机械硬盘的工作原理是，磁头可沿盘片的半径方向运动，当盘片以每分钟几千转的高速旋转时，磁头就可定位在盘片的指定位置上进行数据的读写操作。信息通过离磁性表面很近的磁头传递，用电流磁场来改变磁单元磁极性方式写到磁盘片上，信息可以通过相反的方式读取。机械硬盘存储容量大的原因是，因为一个机械硬盘里的磁盘转动轴上有多张磁碟，且都可以双面读写。

机械硬盘中的 PCB 上搭载了机械硬盘的各种电路及芯片。大多数的控制电路板都采用贴片式焊接，它包括主轴调速电路、磁头驱动与伺服定位电路、读写电路、控制与接口电路等。机械硬盘包括主控制芯片、读写控制芯片、缓存芯片、BIOS 芯片、SATA 桥接芯片等，如图 2-4-2 所示。

图 2-4-2　机械硬盘的电路板

除了电路和芯片，机械硬盘作为外部存储器，与内部存储器之间进行通信连接的接口也是很重要的部分。接口包括电源接口插座和数据接口插座两部分，其中电源接口插座就是与主机电源相连接，可为硬盘正常工作提供电力保证。数据接口插座则是硬盘数据与主板控制芯片之间进行数据传输交换的通道，使用时用一根数据电缆将其与主板 IDE 接口或其他控制适配器的接口相连接，通常说的 40 针、80 芯的接口电缆就是指数据电缆。硬盘接口可以分成 IDE 接口、SATA 接口、SCSI 接口。当前，机械硬盘普遍采用 SATA 接口与主板总线相连，如图 2-4-3 所示。

图 2-4-3　机械硬盘的接口

机械硬盘的性能可以从以下技术参数反映出来。

1. 容量

机械硬盘作为计算机系统的数据存储器，容量是机械硬盘最主要的参数之一。它的容量以 GB 或 TB 为单位，1GB=1024MB，1TB=1024GB。但硬盘厂商在标称硬盘容量时通常取 1GB=1000MB，因此在 BIOS 中或在格式化硬盘时看到的容量会比厂家的标称值要小。

由于固态硬盘对市场的侵占，以及机械硬盘技术的不断成熟，同样的价格前两年只能买到 500GB 或 1TB 的存储容量，现今可以选购 2TB 及以上容量的机械硬盘，将其作为不常使用但是需要长时间保存的个人数据存储盘。

2. 转速

转速是指硬盘内电机主轴的旋转速度,即机械硬盘磁盘片在 1 分钟内的转数。转速的快慢是机械硬盘档次的重要参数之一,也是决定硬盘内部传输率的关键因素之一,可直接影响硬盘的读写速度。RPM（Revolutions Per minute,转/每分钟）值越大,内部传输率就越快,访问时间就越短,硬盘的整体性能也就越好。

3. 平均访问时间

平均访问时间（Average Access Time）是指磁头从起始位置到达目标磁道的位置,并且可从目标磁道上找到实际读写数据扇区所需的时间。平均访问时间体现了硬盘的读写速度,它包括硬盘的寻道时间和等待时间,即平均访问时间=平均寻道时间+平均等待时间。

硬盘的平均寻道时间（Average Seek Time）是指硬盘的磁头移动到盘面指定磁道所需的时间。这个时间当然是越小越好,硬盘的平均寻道时间通常为 8ms～12ms,而 SCSI 硬盘则应小于或等于 8ms。

硬盘的平均等待时间 Latency 是指磁头已处于要访问的磁道,等待所要访问的扇区旋转至磁头下方的时间。平均等待时间为盘片旋转 1 周所需时间的一半,一般应在 4ms 以下。

4. 传输速率

传输速率（Data Transfer Rate）是指硬盘读写数据的速度,单位为 MB/s（兆字节每秒）。硬盘的传输率又包括内部传输率和外部传输率。

内部传输率（Internal Transfer Rate）反映了磁介质至硬盘缓冲区间的传输性能,它主要依赖于硬盘的旋转速度和磁介质识别性能。

外部传输率（External Transfer Rate,即通常所言的传输率）指系统总线与硬盘缓冲区之间的数据传输率。外部传输率与硬盘接口类型和硬盘缓存的大小有关。

SATA 的传输率为 150MB/s,SATA2 的传输率为 300MB/s,但这些都是理想状态,实际上硬盘的内部传输速度连 100MB/s 都达不到,所以硬盘传输率一般达不到标称值。

5. 缓存

缓存（Cache memory）是硬盘控制器上的一块内存芯片,具有极快的存取速度。它是硬盘内部存储和外界接口之间的缓冲器。由于硬盘的内部传输速率和外部传输速率不同,缓存能在其中起到缓冲和传输速率匹配的作用。缓存的大小与速度是直接关系硬盘传输速度的重要因素,能够大幅度提高硬盘的整体性能。硬盘存取零碎数据时需要不断在硬盘与内存之间交换数据,当有大缓存时,则可以将零碎数据暂存在缓存中,以减小外部系统的负荷,提高数据的传输速度。

2.18 固态硬盘的结构及性能指标

固态硬盘（Solid State Disk,SSD）是用固态电子存储芯片阵列而制成的"硬盘",由控制单元和存储单元组成。固态硬盘在接口的规范和定义、功能及使用方法上与普通硬盘相似,在产品外形和尺寸上也完全与普通硬盘接近,虽然成本较高,但也已经逐渐普及到 DIY 市场。由于固态硬盘技术与传统硬盘技术不同,所以产生了不少新兴的 SSD 生产厂商。

厂商只需购买 NAND 存储器，再配合适当的控制芯片，就可以制造固态硬盘了。固态硬盘所使用的接口有 SATA-2 接口、SATA-3 接口、SAS 接口、MSATA 接口、PCI-E 接口、NGFF 接口、CFast 接口、SFF-8639 接口和 M.2 NVME/SATA 协议，如图 2-4-4～图 2-4-6 所示。

图 2-4-4　SATA 接口 SSD　　　图 2-4-5　M.2 接口 SSD　　　图 2-4-6　PCI-E 接口 SSD

固态硬盘的内部构造相对简单，主体是一块 PCB，其配件有控制芯片、缓存芯片和用于存储数据的闪存芯片。

市场上比较常见固态硬盘的主控芯片有 Marvell、Samsung、Intel、LSI SandForce、Indilinx、JMicron、Goldendisk 等多个厂家的产品。主控芯片是固态硬盘的大脑，可以合理调配数据在各个闪存芯片上的负荷，并管理整个数据中转，连接闪存芯片和外部 SATA 接口。不同主控在数据处理能力、算法，以及对闪存芯片的读取/写入的控制方法会有所不同，直接导致固态硬盘产品在性能上的差距明显。

主控芯片旁边是缓存芯片，固态硬盘和传统硬盘一样需要高速的缓存芯片辅助主控芯片进行数据处理。这里需要注意的是，有一些廉价固态硬盘方案为了节省成本，省去了这块缓存芯片，这将对使用性能产生较大影响。

除了主控芯片和缓存芯片以外，PCB 板上其余的大部分位置都是 NAND Flash 闪存芯片了。NAND Flash 闪存芯片又分为 SLC（单层单元）、MLC（多层单元），以及 TLC（三层单元）等类别。

固态硬盘相对于机械硬盘有如下优点：读写速度快、防震抗摔、低功耗、无噪音、工作温度适应范围大、轻便等，正是因为这些优点，使固态硬盘在市场中的普及速度非常快。但是固态硬盘也有致命的缺点：固态硬盘有寿命限制，即擦写次数有上限，这是因为固态硬盘所使用的存储器是闪存类型，闪存的基本存储单元叫浮栅晶体管，其中浮栅层被绝缘的二氧化硅包裹，可以存储电子。如果其中存储的电子数量大于一个中间值，则被认为是 0；如果小于这个中间值，则被认为是 1，但是没有办法直接知道浮栅中的电子数量，只能通过往控制极加载一个中间值电压看两个 N 极是否导通。如果导通，则说明浮栅中的电子数量较少，识别为 1；如果不导通，则说明浮栅中电子数量较多，识别为 0。晶体管擦写数据时，二氧化硅绝缘层会困住部分电子，这些电子的累积会逐渐抵消控制极上的电压，使控制极为了导通两个 N 极所需要的电压越来越大，当这个偏移量超过中间值时，通过读/取就无法分辨 0 和 1 了。现在为了降低固态硬盘的成本价格而推出的多层存储单元（SLC、MLC、TLC、QLC 等）更容易受到这种电压偏移的影响，所以从 SLC 到 QLC 总的擦写次数呈几何级数递减。除了寿命限制，固态硬盘所存储的数据通常在断电 1 年后，因为浮栅中的电子衰减而彻底丢失数据，相比于传统机械硬盘断电后数据可保存 10 年以上。固态硬盘的这个缺陷使许多喜欢存储大量数据的用户，在购买时需重点考虑，慎重对待。

以下六个性能指标可以反映出固态硬盘性能的优劣。

1. 主控芯片

主控芯片负责固态硬盘里所有数据的管理。它对存储闪存颗粒、固件都非常重要，也决定着固态硬盘的性能和寿命，比较好的主控品牌有马牌、三星和英特尔。

2. 闪存颗粒类型

闪存颗粒是固态硬盘用来存储数据的，闪存颗粒分为三种类型，即 SLC、MLC 和 TLC。目前，SLC 寿命和性能是最好的，其次是 MLC，以及 TLC。虽然 TLC 闪存颗粒的寿命不如前两者，但是正常使用 3 年～5 年是没有问题的，到时又会有性能更强、价格更便宜的固态硬盘出现了，所以不用担心。由于价格便宜，TLC 是主流的闪存颗粒固态硬盘。

3. 缓存

缓存可作为主控芯片和闪存颗粒之间数据的缓存桥梁。SSD 缓存有两种：一种是 DDR 缓存，速度和主板上内存条差不多；另一种是 SLC 缓存。

4. 4K IPOS 值

4K IPOS 值是指一块固态硬盘在读/取散布在不同位置的小块文件时的速度。这项指标重要的原因是，普通用户的日常操作，如上网、杀毒、保存文档等，都需要读/取零散在各处的小文件，而不是连续的大文件。所以，4K IPOS 值的随机读写速度影响着开机和打开文件的速度，以及游戏的加载速度。

5. 顺序读写速度

顺序读写速度影响着读写一个超大文件的速度，这个指标是商家最喜欢拿来做宣传的，也是直接判断一块 SSD 性能好坏的指标之一。

6. NVMe 协议

NVMe（快速非易失存储）协议标准是为 PCI-E 固态而制定的新接口标准，这个标准确定的 PCI-E 3.0×4 接口标准的 SSD 传输速率最高可达 4GB/s，远远大于 SATA 接口传输速率。M.2 接口大部分采用 PCI-E 3.0×4 接口标准。

选购 SSD 时应该抓住四个重点：主控、闪存颗粒、读写速度、4K IPOS 值，因为这 4 个参数直接影响 SSD 的数据读写速度和使用寿命，其中主控和闪存颗粒是一款 SSD 的灵魂，三星和 Intel 在这方面的技术水平具有领先优势。

2.19 移动存储器简介

因为 USB 接口的普及和提速，现在移动存储器越来越受到消费者的追捧。市场上最常用的移动存储器就是 U 盘和移动硬盘。U 盘以其足够大的存储空间、小巧的体积等优势成为职场人必备的移动存储设备。移动硬盘相比于 U 盘就显得足够稳重，它拥有更大的存储空间，在需要存放大文件或需要长时间保存的重要文件等方面展现出了比 U 盘更多的优势。

2.19.1 U 盘

U 盘是 USB 盘的简称，根据谐音也称"优盘"。U 盘采用的存储芯片和 SSD 一样都是闪存，故也被称为闪盘。U 盘与硬盘的最大不同是，它不需物理驱动器，可即插即用，且极便于携带。

U 盘集磁盘存储技术、闪存技术及通用串行总线技术于一体。U 盘的结构简单，使用 USB 接口连接计算机，USB 接口是 U 盘的数据输入、输出的通道；U 盘的主控芯片使计算机将 U 盘识别为可移动磁盘，是 U 盘控制读写操作的最核心的芯片；U 盘的闪存芯片可保存数据，在断电后也不会丢失；U 盘的 PCB 基板将各部件连接在一起，如图 2-4-7 所示。

图 2-4-7　U 盘

因为 U 盘各芯片在当前工艺下可以被做得非常小巧，PCB 的面积也可相应缩小，所以出现了很多被做成各种形状的创意 U 盘，在具有存储数据能力的同时，又具有趣味性，如图 2-4-8～图 2-4-10 所示。

图 2-4-8　创意 U 盘 1　　　　　图 2-4-9　创意 U 盘 2　　　　　图 2-4-10　创意 U 盘 3

在日常使用 U 盘的过程中，还应特别注意以下 3 点：
（1）防止 USB 接口与 PCB 基板的连接部位被折断；
（2）防止日常摔、撞、压 U 盘，以免其控制芯片或者存储芯片被损坏；
（3）防止 U 盘掉入水中。

2.19.2 移动硬盘

移动硬盘采用 USB 接口与计算机连接，以较高的速度与计算机系统进行数据传输，支持热插拔，且小巧轻便。根据其存储原理，市场上有两种移动硬盘：一种是以机械硬盘为存储介质的移动硬盘；另一种是以 SSD 为存储介质的移动硬盘。移动硬盘的优点是容量大、即插即用、速度快、体积小、安全可靠，如图 2-4-11 和图 2-4-12 所示。

图 2-4-11　SSD 移动硬盘　　　　　　　图 2-4-12　机械式移动硬盘

移动硬盘由外壳、电路部分（电路板及其搭载的控制芯片及数据电源接口）和硬盘三个部分组成。外壳一般是铝合金或者碳纤维材质的，可起到抗压、抗振、防静电、防摔、防潮、散热等作用。控制芯片可控制移动硬盘的读写性能；最常见的数据接口是 USB 接口。用于存储数据的硬盘通常选用 2.5 英寸的微型硬盘。

因移动硬盘的内部存储设备就是微型硬盘或者 SSD，这里就不再赘述移动硬盘的技术参数了。

移动存储设备将来的发展趋势应该是，体积越来越小、容量越来越大、数据读写速度越来越快、数据安全性越来越好、售卖价格越来越低、搭载的新技术越来越多、外观越来越好看。

2.20 主流外部存储器的配置

购买计算机时们既要考虑外部存储器的空间大小，也要考虑其读写速度，所以最优的方案就是，购买一款 SSD 作为系统盘，存放操作系统和最常用的应用程序，这样可以极大地提升计算机的开机速度和软件启动速度；另外再购买一款传统机械式硬盘，用于放置海量的文件，如工作、生活文档，或保存手机导入的照片、视频等，这样就不会丢失文件了。下面介绍主流外部存储器的配置。

1. 机械硬盘

选购机械硬盘时，在预算范围内尽量选择足够大的存储空间，如希捷 4TB 的机械硬盘价格在几百元，如果预算不够就可选用 2TB 或者 1TB 的机械硬盘。

2. 固态硬盘

如果主板支持，尽量选择采用 PCI-E 总线的固态硬盘，如新型的 M.2 接口或者 PCI-E 接口的固态硬盘，只有这种固态硬盘才有可能搭载 NVMe 协议，其读写速度极快，不过价格稍高。如果预算不足，也可以考虑购买采用 SATA 总线的固态硬盘，比单独使用机械硬盘的性能要好得多。

3. U 盘和移动硬盘

U 盘选择面广，主要看个人喜好及需求进行购买即可。

移动硬盘的主要功能是数据备份，所以推荐使用机械式移动硬盘。

2.21 外部存储器的选购常识

对外部存储器的选购，首先要明确购买的目的：为了提升整机速度，就选购更优的 SSD；为了数据安全存储，就选购传统机械硬盘；为了随身携带数据，就选购 U 盘；为了数据备份，就选购移动硬盘。不同的使用场景决定了选购什么样的硬件来支持，所以对于外部存储器的购买要根据需要出发，不要盲从。

外部存储器在选购过程中，应关注以下内容。

1. SSD 选购要点

（1）关注 SSD 的总控芯片；
（2）关注 SSD 的闪存颗粒；
（3）关注 SSD 的读写速度；
（4）关注 SSD 的接口类型；
（5）关注 SSD 的存储容量。

2. 机械硬盘选购要点

（1）关注机械硬盘的存储容量；
（2）关注机械硬盘的磁碟转速；
（3）关注机械硬盘的缓存大小；
（4）关注机械硬盘的接口类型；
（5）关注机械硬盘的单碟容量。

3. U 盘选购要点

（1）关注 U 盘的存储容量；
（2）关注 U 盘的品牌；
（3）关注 U 盘的传输速度；
（4）关注 U 盘的数据安全；
（5）关注 U 盘的售后服务。

4. 移动硬盘的选购要点

（1）关注移动硬盘的存储容量；
（2）关注移动硬盘的传输速率；
（3）关注移动硬盘的抗振性能；
（4）关注移动硬盘的体积；
（5）关注移动硬盘的售后服务。

> **温馨提示**
>
> 通常购买的外部存储设备的实际容量比商家标注的容量少了许多，是谁"偷走"了存储空间呢？其实外部存储设备的容量在操作系统里所使用的算法是"二进制"，即1GB=1024MB，但是行业的标准算法是"十进制"，即1GB=1000MB，所以才会有官方标注 32GB 容量的 U 盘，在自己的计算机上显示为 29.8GB，这种情况并不是碰到了奸商，而是行业制造规范与计算机规范不同所导致的。

任务五　显卡与显示器

任务分析：

显卡与显示器作为计算机与用户交流的接口，可以直观地将计算机运行处理的数据以人类可以识别的数字、文字、图形、图像的形式显示在显示器上，是计算机硬件配置中必不可少的部分。任务五分为七个部分，包括显卡概述、显卡的结构、显卡的工作原理及主要技术参数、显示器概述、液晶显示器的工作原理、液晶显示器的性能指标、显卡与显示器的选购常识。需重点掌握显卡和液晶显示器的工作原理、显卡和显示器的主要技术参数及性能指标等内容，只有对显卡和显示器有了足够了解才能在选购中加以甄别，做到心中有数。

2.22　显卡概述

显卡是计算机系统最重要的组成部分之一。它的用途是，将计算机系统需要在显示器上显示的信息进行处理后，向显示器提供逐行或隔行扫描信号，控制显示器的正确显示。显卡是连接显示器和计算机的重要部件，是人机交互接口之一。显卡所拥有的并行计算能力和强大的浮点运算能力也可用于深度学习、区块链等计算机的前沿领域。因为显卡承担着输出显示图形信号的任务，所以对于喜欢玩游戏的用户和从事专业图形设计工作的用户来说，显卡的地位就显得尤为重要，图2-5-1所示为一款显卡。

图 2-5-1　七彩虹 RTX 2080 Ti 九段显卡，堪称显卡中的艺术品

主流显卡的显示芯片主要由 NVIDIA（英伟达）和 AMD（超微半导体）两大厂商制造，通常将采用 NVIDIA 显示芯片的显卡称为 N 卡，而将采用 AMD 显示芯片的显卡称为 A 卡。显示芯片是显卡的核心处理器，因此又被称为 GPU（Graphic Processing Unit），在 3D 图形信号处理时 GPU 可使显卡减少对 CPU 的依赖，并完成部分原本属于 CPU 的工作。

2.23 显卡的结构

现在，集成式显卡一般是将显示芯片集成到主板北桥芯片或者 CPU 内，如果集成在主板上就称其为集显，如果集成在 CPU 内部就称其为核显，因集显和核显都属于集成芯片，其结构和功能不够直观，故在此讨论的显卡结构都是针对独立显卡而言。独立显卡的结构比主板结构相对简单，当取下独立显卡的散热器后，整个 PCB 基板上的电路、芯片、电容、电阻、接口等部件就会一目了然，如图 2-5-2 所示。

图 2-5-2　显卡的结构

独立显卡的结构除最基本的 PCB 基板和覆盖在整块 PCB 基板外部的散热器外，主要包括以下五大组成部分。

2.23.1 显示芯片

显示芯片（GPU）是显卡之上最核心的芯片，就像 CPU 代表整机档次、芯片组代表主板档次一样，GPU 的性能直接决定了显卡性能的高低，如图 2-5-3 所示。

图 2-5-3　NVIDIA 生产的一款 GPU 芯片

AMD 和 NVIDIA 是全球著名的 GPU 厂家，其他芯片厂商偶尔会做代工，但并不会自己研发，所以说市场上常见的显卡类型只有两种，即 A 卡和 N 卡。

ATI 公司成立于 1985 年，同年 10 月 ATI 公司采用 ASIC 技术推出了第一款图形芯片和图形卡。1992 年 ATI 公司推出 Mach 32 图形卡集成了图形加速功能。1998 年 ATI 公司被 IDC 评选为图形芯片工业的市场领导者，但那时图形处理芯片还没有使用"GPU"这个名字，很长的一段时间里 ATI 公司都把图形处理器称为 VPU，直到 AMD 收购 ATI 公司之后其图形芯片才正式采用了"GPU"的称谓。

NVIDIA 公司在 1999 年发布 Geforce 256 图形处理芯片时首先提出 GPU 的概念。从此 NVIDIA 显示芯片就用 GPU 来称呼了。

2.23.2 显存

显存（显示内存），是用来存储 GPU 处理过的数据或即将被提取处理数据的存储器，其容量的大小、性能的高低直接影响着计算机最终在显示器上显示的效果。当前主流显卡普遍配置了 GDDR5 类型的显存芯片，其容量大小一般在 2GB 左右，中、高端独立显卡能达到 8GB 及以上的显存容量。

2.23.3 显卡 BIOS

显卡 BIOS（VGA BIOS），主要用于存放显示芯片管理显卡硬件、显存及与主板交互的控制程序，还能存放显卡型号、规格、生产厂家、出厂时间等信息。过去生产的显卡 BIOS 芯片与主板 BIOS 几乎一样大，但现在的显卡 BIOS 芯片就很小，与内存条上的 SPD 差不多，部分显卡 BIOS 还可以通过专用的程序改写升级。

2.23.4 总线接口

显卡与主板的连接部位就是总线接口，因其接口插槽的金属片与内存条相似故也称为金手指。过去主板的独立显卡接口一般是 AGP 接口，其显卡总线接口也是采用 AGP 标准制造的。因为 PCI-E 标准的通信速率的优势，现阶段已全面取代 AGP 接口成为了新一代的显卡接口，所以显卡现阶段的总线接口是 PCI-E ×16。

2.23.5 输出接口

显卡的输出接口就是通过显示电缆连接显示器的接口，为了兼容各种显示器，也为了可以多显示器环视输出，现在的中、高端显卡一般都配有多个多种显示输出接口，最常用的输出接口有 S-Video 端子、VGA 端子、DVI 端子、HDMI 端子、DP 端子等类型。

1. S-Video 端子

S-Video 端子的连接规格可将亮度和色度分离传输，从而避免了混合视频信号传输时亮度和色度的相互干扰。它实际上是一种五芯接口，由两路视频亮度信号、两路视频色度信号和一路公共屏蔽地线共五条芯线组成。但是 S-Video 端子输出的分辨率最高仅能达到 1024×768，因此不适合用于高清视频的传输，是电子显像管显示器的好伴侣，随着显像管显示器逐步退出市场，S-Video 端子在显卡市场上已基本上被淘汰。

2. VGA 接口

VGA（Video Graphics Array，视频图形阵列）接口是 IBM 公司于 1987 年提出的标准，

其传输的视频数据信号是模拟信号。VGA 接口共有 15 孔，可分成 3 排，每排 5 孔，曾经是显卡上应用最为广泛的接口类型，如图 2-5-4 左侧所示。它可以传输红色、绿色、蓝色模拟信号及同步信号。虽然现在很多显卡已经不再使用 VGA 接口了，但是部分主板的集成显卡仍然使用 VGA 接口输出，在机箱背板部分 I/O 面板上竖置的 VGA 接口就是集成显卡的输出，如果主板上的独立显卡能够正常运作，集成显卡一般会被设置为"屏蔽"状态，所以有独立显卡输出接口的，先要连接独立显卡输出接口，否则显示器无法正常显示。

3. DVI 接口

DVI（Digital Visual Interface，数字视频接口），其标准由 DDWG（Digital Display Working Group，数字显示工作组）制定，是用来传输未经压缩的数字视频信号的标准，是目前显卡应用最广的输出接口。

DVI 接口除包含数字信号传递的针脚孔外，还可以搭载传输传统模拟信号的针脚孔，这样设计是为了最大限度实现 DVI 接口的通用性，以便在不同形式的显示屏间共享同一种连接接口。按实现功能的不同，DVI 接口被分成三种类型：DVI-D（Digital，数字信号）、DVI-A（Analog，模拟信号）、DVI-I（Integrated 混合式，数字及模拟信号皆可使用）。此外，DVI-D 的模拟脚位故意设计得比 DVI-I 的同样脚位短，以防止用户将 DVI-I 针式插头误插入 DVI-D 的孔式插座，如图 2-5-4 所示。

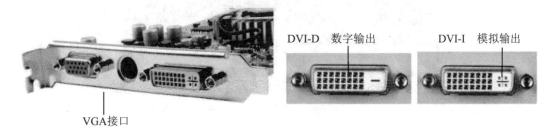

图 2-5-4　显卡输出接口的外观

4. HDMI 接口

HDMI（High Definition Multimedia Interface，高清多媒体接口）接口。是一种全数字化视频和音频接口，可以发送未经压缩的音频及视频信号。HDMI 接口可以同时发送音频和视频信号，由于音频和视频数据信号采用同一条线路传输，简化了分离式音频、视频信号线的安装难度，如图 2-5-5 所示。

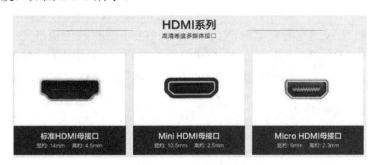

图 2-5-5　HDMI 接口

HDMI 规格制定之初（2004 年 5 月）其最大像素传输率为 165Mpx/s，足以支持 1080p 画质每秒 60 张画面，或者 UXGA 分辨率（1600×1200）；后来在 HDMI 1.3（2006 年 6 月）规格中扩增为 340Mpx/s；最新的 HDMI 2.1（2017 年 1 月发布），带宽提升至 48Gbit/s，支持 4K 高清 120Hz 及 8K 超高清 60Hz 视频显示，并支持 HDR（高动态范围成像），可以针对场景或帧数进行优化，还支持 eARC 功能，可针对游戏帧数进行信号同步，减少"画面撕裂"现象，向下兼容 HDMI 2.0、HDMI 1.4 等版本。

HDMI 是 LLC 注册的商标，使用 HDMI 需要缴付版权费，所以 HDMI 并没有在所有显示器及其他设备上广泛使用，又因为 DVI 接口可以兼容 HDMI，所以 DVI 接口的普及率要高于 HDMI 接口。

5. DP 接口

DP（Display Port）接口是由 VESA（视频电子标准协会）标准化的数字视频接口标准。该接口免认证、免授权费，主要用于显卡与显示器等设备的连接，同时也支持其他形式的数据。DP 接口的设计目的是取代传统的 VGA 接口和 DVI 接口，通过主动或被动地转换适配器。该接口可与传统接口（如 HDMI 和 DVI）兼容，如图 2-5-6 所示。

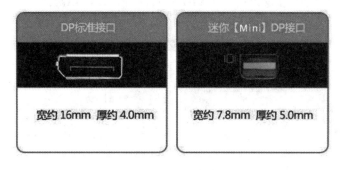

图 2-5-6　DP 接口

DP 端口是第一个依赖数据包化数据传输技术的显示数据通信端口，这种数据包化数据传输技术广泛应用于以太网、USB 和 PCI Express 等技术中。Display Port 协议使用的微报文（数据包）可以将定时器信号插入到数据流中，其优点是使用较少的引脚数就可以实现更高的分辨率。应用程序也允许使用 Display Port 协议进行扩展，代表了 DP 端口物理特性不需要大的改变就可以添加新功能，以达到更新换代的目的。

2016 年 2 月 DP 标准确定为 DP 1.4，最高达 32.4Gbit/s 的带宽，可支持 8K 超高清 60Hz 和 4K 高清 120Hz HDR 的高解析度视频显示；8bit/10bit 的数据传输；支持 6bit、8bit、10bit、12bit 与 16bit 色深；缆线的完整带宽保证长度为 3m，1080p 的有效传输带宽保证长度为 5m；支持 128 位 AES 的 DP 接口内容的保护（DPCP），DP 1.1 标准更支持 40bit HDCP；同时支持内部与外部的连接，使计算机制造厂商因此降低成本；开放且可扩展的标准能够加速 DP 接口的普及。

2.24　显卡的工作原理及主要技术参数

2.24.1　显卡的工作原理

显卡的工作原理，如图 2-5-7 所示。

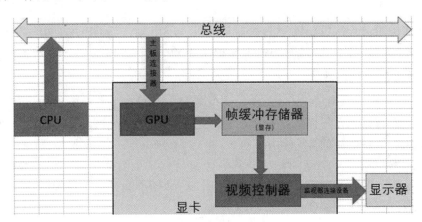

图 2-5-7　显卡的工作原理

图形数据离开 CPU 之后，需要经历四个步骤才可到达显示器屏幕进行显示，而这 4 个步骤都与显卡息息相关。

（1）图形数据从主板总线进入 GPU 进行加工处理；

（2）经过 GPU 加工处理后的数据进入显存中暂时存放；

（3）经过 GPU 加工处理后的数据从显存进入视频控制器中进行处理，视频控制器有可能是 RAM DAC（随机存储器数模转换器），其工作原理是将从显存中取出的数据转换为模拟信号进行输出，但是如果使用 DVI 接口类型，则不需要经过数模转换过程便可直接输出数字信号；

（4）数据以模拟信号（如 VGA 接口）或者数字信号（如 DVI 接口）的方式从视频控制器通过监视器连接设备传递到显示器进行显示。

2.24.2　显卡的主要技术参数

决定显卡性能的主要技术参数有核心频率、显存频率、显存容量、显存位宽和流处理器的个数，下面进行相关说明。

1. 核心频率

核心频率指 GPU 的工作频率，可在一定程度上反映出 GPU 的性能，在品牌代系相同的情况下，核心频率越高代表此显卡性能越好。

2. 显存频率

显存频率在一定程度上反映了显存的读写速度。显存频率的高低和显存类型有非常大的关系，显存频率越高则显存的时钟周期越短。

3. 显存容量

显存的主要功能就是暂时储存显示芯片 CPU 处理过或即将提取的数据，在 3D 场景显示中显存容量越大则可显示的景深越深，画面分辨率越高。显存容量的大小是衡量显卡性能的重要指标之一。

4. 显存位宽

显存位宽指的是一次可以读写的数据量，可体现出显存与 GPU 之间的数据交换能力。显存的位宽越大，其与 GPU 之间的数据交换就越顺畅。

5. 流处理器单元的数量

流处理器单元的数量是决定显卡性能高低的另一个重要指标。它既可以进行顶点运算也可以进行像素运算。在不同的场景中，显卡可以动态地分配进行顶点运算和像素运算的流处理器数量，达到资源的充分利用。

将流处理器想象成一个画师，一个画面如果只有一个画师作画，那么成像速度就慢；如果有多个画师一起作画，那么成像速度就快。动画场景就是由一幅幅静态画面组成的，所以画师越多，看到的图像就越连贯、越清晰。

2.25 显示器概述

显示器在计算机硬件中属于输出设备。它是一种能将 CPU 处理后的信息通过显卡修饰后传递到显示器的屏幕上，再让人眼能感知到的显示工具，属于人机接口的重要组成部分。根据显示器工作原理的不同，可分为阴极射线管显示器（CRT）、等离子显示器（PDP）和液晶显示器（LCD）等。目前家用计算机领域所广泛使用的显示器是液晶显示器，如图 2-5-8～图 2-5-10 所示。

图 2-5-8　CRT 显示器

图 2-5-9　PDP 显示器

图 2-5-10　LCD 显示器

2.26 液晶显示器的工作原理

LCD 液晶显示器的工作原理如图 2-5-11 所示，背光源透过偏光板和彩色滤光片照在屏幕上，由电路板控制液晶分子的排列组合以达到控制光通量的目的，从而在显示器屏幕上形成图像使用户可见。

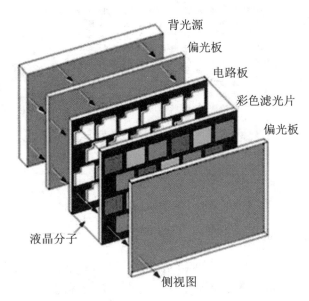

图 2-5-11 液晶显示器的工作原理

液晶（液态晶体）是一种很特殊的物质，它既像液体一样能流动，又具有晶体的某些光学性质。液晶介于固体与液体之间，是具有规则性分子排列的有机化合物。由于液晶分子的排列有一定顺序，且这种顺序对温度、电磁场的变化十分敏感。在电场的作用下，液晶分子的排列会发生变化，从而影响它的光学性质，这种现象被称为电光效应。

通常在两片玻璃基板上装有配向膜，液晶会沿着沟槽配向，由于玻璃基板配向沟槽偏离 90°，液晶中的分子在同一平面内就像百叶窗一样一条一条整齐排列，而分子的向列从一个液面到另一个液面过渡时会逐渐扭转 90°，即两层分子的排列相位相差 90°。最常用的液晶形式为向列相液晶，分子形状为细长棒形，长宽约 1～10nm，在不同的电流电场作用下，液晶分子会规则旋转 90°排列，产生透光度的差别，如在电源开和关的作用下产生明暗的区别，以此原理控制每个像素，便可构成所需图像，如图 2-5-12 所示。

（a）未加电时　　　　　　　　（b）加电时

图 2-5-12 像素单元内的液晶工作原理

在 LCD 的彩色面板中，每一个像素都由 3 个液晶单元格构成，如图 2-5-13 所示，其中每一个单元格前面都分别有红色、绿色和蓝色的过滤器。这样控制红色、绿色、蓝色这三个色点的电压，可产生不同浓度的三色混合，再通过不同单元格的光线就可以在屏幕上显示出不同的颜色，如图 2-5-13 所示。

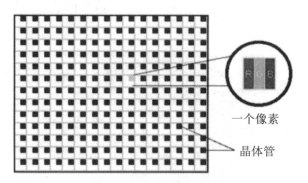

图 2-5-13　LCD 彩色面板结构示意

2.27　液晶显示器的性能指标

最近 10 年液晶显示器的发展速度非常快,当需要重新选择显示器时,出现了很多新的技术参数,下面对影响液晶显示器显示性能的参数指标进行总结。

2.27.1　屏幕尺寸

显示器的屏幕尺寸指显示器屏幕对角线的尺寸,单位是英寸。很多用户可能存在一个误区,认为显示器的屏幕尺寸是显示器的长、宽、高,其实不然,它指的是屏幕对角线的长度,因此,即使屏幕尺寸相同的显示器,如果长和宽不同可能外观也大不相同。例如,34 英寸比例为 16:9 的屏幕与同为 34 英寸的 21:9 带鱼屏幕的外观感受就有很大差别,如图 2-5-14 和图 2-5-15 所示。所以基本上所有的显示器都把屏幕尺寸这项参数放在参数规格里的第一项,而紧跟着就是屏幕比例这项参数。

图 2-5-14　16:9 的屏幕

图 2-5-15　21:9 的屏幕

现在的显示器正在向大屏化的方向发展,27 英寸以上的大屏幕显示器也越来越多,大屏幕显示器可以清晰地显示更多的内容。但是选择多大的屏幕尺寸、是否选择大屏幕显示器,还要根据自己的需求,以及对屏幕尺寸的适应程度来选择。

2.27.2　面板类型

液晶面板是液晶显示器放置画面的平薄的面板,直接影响到画面的观看效果。它的技术的高低和质量的好坏不仅关系到液晶显示器自身的质量、价格和市场走向,还关系到整个产品的功能参数。一台显示器80%左右的成本都集中在面板上，可以说，液晶面板是液晶显示器的核心部件。所以，判断一台显示器的好坏，首先要看面板。常见的面板类型有TN面板、VA面板、IPS面板等。

1. TN面板

TN面板是指6bit面板，其显示色彩数为16.2M。它的生产成本低廉，应用于最广泛的入门级别显示器及市面上主流的中低端显示器，属于"软屏"。它的优点是响应时间容易提高，其缺点是对比度低、色彩单薄、还原能力稍差、过渡不够自然。

2. VA面板

VA面板是指8bit面板，其显示色彩数为16.7M。它是高端液晶应用较多的面板之一，属于广视角面板，主要分为MVA面板和PVA面板。PVA面板在MAV面板的基础上进行了优化，使其在各个方面的性能均优于MVA。VA面板也属于"软屏"。

3. IPS面板

IPS面板是液晶面板里的高端产品。它是世界上最先进的液晶面板技术之一，也是最受市场欢迎的液晶面板，其优点是可视角度高、响应速度快、色彩还原准确。它的缺点是：漏光现象较为严重。IPS面板从整体上看，还是优点多于缺点的。IPS面板属于"硬屏"。

2.27.3 亮度

亮度是指画面的明亮程度。通常屏幕拥有较高的亮度值，才能够让画面更为亮丽，而液晶屏幕最起码需要 $200cd/m^2$ 以上的亮度值，才能显示符合基本要求的画面。亮度值越高，代表性能越好，色彩还原越准确，画面也更鲜艳。市场上的显示器大部分的亮度都能达到 $250cd/m^2$ ，而一些较为高端的产品已经达到了 $300cd/m^2 \sim 500cd/m^2$ 。

但是，显示器画面过亮会让人感到不适，容易产生视觉疲劳，还会降低显示器的对比度。此外，亮度的均匀性非常重要，这与背光源与反光镜的数量与配置方式有关。品质过关的显示器画面亮度均匀，且无明显暗区。

2.27.4 对比度

显示器的对比度是指黑白颜色之间的亮度对比（最亮与最暗之间的亮度对比）。拥有高对比度的液晶显示器，能够显示出丰富的色彩层次。对比度的值当然是越高越好。通常液晶显示器的对比度指标应达到200:1，否则显示同色渐层的图片时会出现色块不均的现象，显示质感较差。目前显示器的静态对比度均已达到1000:1以上。

有的厂商把对比度分为静态对比度和动态对比度，其实静态对比度就是指对比度，而动态对比度是指液晶显示器在某些特定情况下测出的对比度数值，如采用IPS面板的显示器动态对比度非常之高，动辄几千万比一甚至有的已经上亿了，所以用户在购买显示器时一定要擦亮眼睛，不要被卖家高动态对比度的参数所迷惑。

可以说，亮度与对比度是判断液晶显示器质量的最基本条件。

2.27.5 分辨率

显示器分辨率是液晶显示器的重要参数之一。分辨率是指屏幕上显示的像素数量,即屏幕每行每列有多少像素点,一般用矩阵的行与列的值表示,其中每个像素点都能被单独控制,如通常说的全高清的分辨率就是 1920×1080(个),即水平像素为 1920 个,垂直像素为 1080 个。

在行业内推出了一大批高分辨率显示器,如 2K、4K、8K 和 10K,虽然分辨率提高了,但缺少能够与之匹配的电影、游戏等片源,也缺少相应的处理软件,所以在选择显示器时千万不要一味追求高分辨率,要根据自己的需求来进行选择。对于普通用户来说,全高清就已经足够用了,若经济条件允许可以选择 2K 或 4K 分辨率的显示器。

2.27.6 可视角度

显示器的可视角度是指用户可以从不同方位清晰地观察屏幕上的内容。可视角度的大小,决定了用户可视范围的大小及最佳观赏角度。如果可视角度太小,用户稍微偏离屏幕正面,画面就会失色或失真。

一般用户可将 120°的可视角度作为选择标准。由于 IPS 面板的广泛使用,大部分显示器的可视角度已达到了 178°的"全方位超广视角",无论从哪个方向观看屏幕,其画面效果都和正面观看差别不大。

2.27.7 响应时间

显示器的响应时间(也称信号反应时间)是指液晶显示器的每一个像素点从暗到明,以及从明到暗时所需时间,通常以 ms 为单位。一般说明书中标示的是上述两者的平均值,但也有些厂商会把这两个数值都列出来。对于想要利用 LCD 来玩网络游戏、看高清电影的用户来说,这项指标相当重要,尤其是灰阶响应时间。

如果信号反应时间太慢,动态画面就会出现残影,其显示效果将大打折扣。如果用户有大量的动态画面需求,如网络游戏玩家等,最好选择反响时间更短的产品。现在市场上的产品"灰阶"响应时间最短的已经达到了 1ms。

2.27.8 色域

色域是一种对颜色进行编码的方法,也指一个技术系统能够产生的颜色的总和。在计算机图像处理中,色域是颜色的某个完全的子集。颜色子集最常见的应用是用来精确代表一种给定的情况。显示器常见的色域类型有 NTSC、sRGB、Adobe RGB,如图 2-5-16 所示。

使用最广泛的是 sRGB,sRGB 代表了标准的红色、绿色、蓝色三种基本色素,当 sRGB 色域值为 100%时表明该显示器非常专业,其值为 96%~98%时为常见水平,即中等水平,也有比较专业的显示器可达到 120%的 sRGB。其 sRGB 色域值无法达到 100%,则表明该显示器不能完全显示所有的颜色,其值越小,色彩显示能力越差。对于对色彩要求较高的专业人士来说,Adobe RGB 是非常好的选择,当然其价格也很昂贵。普通用户只要考虑 sRGB 的中等水平就可以了。

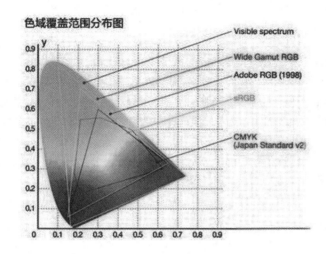

图 2-5-16　色域

2.27.9　接口

很多用户在选择显示器时，一般不太关注显示器的接口，其实，接口对于显示器的性能也是非常重要的。液晶显示器的接口决定了图像传输的质量，常见的接口类型有 VGA、DVI、HDMI、DP 等。

DVI 接口是随着数字化显示设备发展而兴起的一种显示接口，它可以直接将数字信号传送到显示器，避免了数字信号转换成模拟信号再转换成数字信号的二次转换。在理论上，DVI 接口的显示效果要优于 VGA 接口。

对于高分辨率显示器来说，HDMI 接口是必不可少的。它可以提供 5Gbit/s 的数据传输带宽，也可以传输高质量的影音信号。因此，对于要入手 2K"中高清"及以上的显示器的用户，HDMI 接口必须要关注。若显示器能够再搭配一些 USB 接口等其他接口使用就更方便了。

2.27.10　人性化设计

人性化设计是厂商推销显示器时必不可少的"一大噱头"。现代人工作、生活、娱乐都已经离不开显示器了，使用显示器时带来的健康问题就显得尤为重要，因此，人性化的设计就是必不可少的，下面讲解其中主要的两项内容，一是护眼技术；二是可升降或可旋转的支架。

护眼技术主要是指滤除或减少蓝光和不闪屏，在选择显示器时一定注意是要从源头上过滤有害的短波蓝光，且又能不影响画面的色彩准确度。一些商家采用的在显示器上增贴一层抗蓝光的薄膜方式，其护眼效果并不明显。

配备可升降支架的显示器并不多，但可升降支架对于用户使用显示器来说非常重要，尤其是在使用大屏显示器时，由于每个人的身高、体型都大不相同，用户在使用显示器时，也不可能保持一个坐姿不动，而可升降支架就可以让用户根据自身情况，将显示器调整到适合自己的高度。

2.27.11 曲率

在购买曲面显示器时还需要关注产品的曲率，曲率是曲线在某一点的弯曲程度的数值，其表示曲线偏离直线的程度。显示器领域使用圆弧所属圆的半径表示曲率，如某显示器的曲率为1800R表示半径为1800mm的圆上一截弧的弯曲程度。一般来说，曲率的数值越小，曲面弯曲幅度越大，如三星公司曾经推出过一款1500R曲率的曲面显示器，刷新了曲面显示器曲率最小的数值。

曲面屏幕弧度可以保证眼睛到屏幕的距离均等，可贴近人眼生理构造，消除视觉失真，从而让用户得到更加舒适宽阔的视觉体验，还可以给用户带来更好的"包围效果"，如同影院般身临其境的观感。但是对于曲率的选择也要理性，应根据自身对曲面的适应程度来决定是否选择曲面，或选择多大的曲率。

2.27.12 刷新率

专业的游戏玩家需要购买"电竞显示器"，其刷新率是一个非常重要的参数。刷新率是指电子束对屏幕图像重复扫描的次数，刷新率越高，所显示画面的稳定性就越好。刷新率一定程度上决定了显示器的价格。由于刷新率与分辨率两者相互制约，只有在高分辨率下达到高刷新率时，该显示器的性能才算优秀。

消费级产品中最高的刷新率是144Hz，对于专业游戏玩家来说，这样的刷新率已经很高了。优派曾推出过一款刷新率165Hz的显示器，但其价格相对较高。显示器的刷新率为180Hz的产品还不能达到量产。

2.28 显卡与显示器的选购常识

2.28.1 购买显卡时需要关注的知识点

1. A卡和N卡

如果用户心中对AMD显卡（A卡）或者NVIDIA显卡（N卡）有偏爱，那么可以直接跳过这个环节，如果单纯从用户角度出发，那么最重要的就要关注使用显卡的场景，因为不同的显卡对于不同的场景优化不同。如A卡对《德军总部2》这款游戏的优化提升非常多，其使用同档次的N卡就不一定有同级别的视觉感受，但同样也有针对N卡进行优化的游戏，若用A卡的显卡帧数就没有那么高。

2. 关注显卡GPU

在经济条件允许的情况下，可以选择GPU代系型号更高的显卡，但也意味着显卡的价格更高。流处理器负责画面上各种图形的计算生成，对图形处理也有至关重要的作用，可以将流处理器数量粗浅地理解为核心数量，核心越多其性能越强。理论上在流处理器数量相同的情况下，同代系的CPU核心频率越高其性能也就越好。

3. 关注显存

用户在选购显卡时，除了要关注显卡容量，还应该关注显存类型，主流的显存类型是 GDDR5，以 NVIDIA 为例，使用 GDDR5 显存的显卡主要集中在中、高端的显卡上，而旗舰级如 GTX 1080 与 GTX 1080 Ti 则使用显存频率更高、带宽更高的 GDDR5X 类型。由于 NVIDIA 在 GDDR5X 类型上具有领先优势，AMD 只好另辟蹊径，使用 HBM 类型的显存（高带宽显存），其中 HBM2 类型的显存可以达到 2048 位的位宽，为显卡性能带来质的提升，同时还能大幅缩减体积。

4. 关注显卡输出接口与显示器性能限制

显示输出非常重要，因为一个高性能的显卡如果不能兼容正在使用的显示器，那么屏幕就不会亮，所以在选购显卡时一定要看清楚是否有显示器方面的限定或要求。大部分显卡将主流视频输出接口配备齐全，基本采用 HDMI+DVI+DP 及以上的配置，这三种接口就是显示器所使用的主流接口，虽然它们都能达到显示输出的效果，但在真正高性能输出方面还是有较大区别的。同样，如果要支持显卡的最高性能输出图像，显示器的性能也不能太低，如显卡支持 4K 画质输出，显示器只支持 2K 画质，那么显示器就会降低性能以适配显卡输出的图像。

2.28.2 购买显示器时需要关注的知识点

1. 关注品牌

首先要选择品牌，知名品牌的液晶显示器不仅质量好，而且售后服务的质量也较高。通过各种拆机测试发现，一线品牌的液晶显示器，其电路板结构设计、用料等，以及各项性能参数等多个方面都普遍好于不知名品牌。给需要选购显示器的用户推荐在各方面都比较优秀的品牌：三星（SAMSUNG）、冠捷（AOC）、LG 电子（LG）、飞利浦（PHILIPS）、优派（ViewSonic）、戴尔（DELL）、华硕（ASUS）、惠科（HKC）、宏碁（Acer）等。

2. 关注性能参数

在 2.27 节显示器的性能指标中已做详细介绍，这里不再赘述。

3. 关注所选显卡的性能参数

因为购买的显示器是用来显示显卡处理的图像数据信号的，所以显示器性能要与显卡性能相匹配。

4. 关注售后服务

显示器的质保时间由厂商自行制定，一般为 1～3 年的全免费质保服务。因此用户要了解质保期限，毕竟显示器在计算机配件中属于特别重要的电子产品。有越来越多的厂商开始承诺 3 年全免费质保，这无疑给使用者带来更好的保障，所以用户应尽量选择质保期长的产品。

> **温馨提示**
>
> 用户在装完机后会迫不及待地进行开机操作，但如果没有显示器，或者显示器连接线接错了，就会看不到显示器的屏幕亮起，这时用户都会非常的着急。其实显示器是否亮起并不是佐证装机是否正确的最准确的途径，而应该看键盘指示灯是否同时闪烁。无论是 USB 键盘，还是 PS/2 键盘，在计算机自检完成后（有无操作系统），键盘上的三盏灯都会同时闪烁一次，然后 NumLock 键灯亮起，按 NumLock 键可以控制其开或关，这是计算机完成自检后向外界发送的最有效的检测正常的信号。可惜大多数用户并不了解这个知识点。特别是安装独立显卡的用户，都将把显示器连接线接到主板背板的集成显卡的输出接口上。

任务六 其他设备

任务分析：

在任务六中将介绍计算机系统的其他设备，如主机的机箱与电源、键盘与鼠标，上网用的网卡与路由器，还有耳机与音响，以及打印机与扫描仪，这些设备一部分属于装机必备的硬件设备，另一部分属于计算机外围设备或网络设备，对于这些常用设备，都需要有所了解。任务六分为五个部分，分别是机箱与电源的概述及选购常识、键盘与鼠标的概述及选购常识、网卡与路由器的概述及选购常识、耳机与音响的概述及选购常识、打印机及扫描仪概述及选购常识。用户需要对机箱、电源、键盘、鼠标、网卡、路由器、耳机、音响、打印机和扫描仪这些设备的参数性能和工作原理有足够的了解，才能在选购时加以甄别，做到心中有数。

2.29 机箱与电源概述及选购常识

2.29.1 机箱

很多用户在选购计算机时，对各种硬件配置仔细甄别，力求做到价格、性能达到最好，但不会重点选择机箱，其实配置主机时，如果选对了机箱可以间接提升整机的性能。在选择时应从以下三个方面考虑。

1. 关注机箱的尺寸

机箱的尺寸分为大机箱（全塔）、标准机箱（中塔）、小机箱和更小的 ITX 机箱。大机箱比较高大，内部空间充足，如果配置时需要装水冷散热器及三个风扇，或者准备装大量的机械硬盘，那么就应该选择大机箱。如果只装一些主流的配置，那么标准机箱就足够了，对于大部分用户来说，标准机箱是最具性价比的。小机箱和 ITX 机箱因为其空间利用率太高，使内部空间较为拥挤，会对整机散热性能造成影响，但其小巧的身材适合于空间较小的应用环境，如图 2-6-1 所示。

图 2-6-1　机箱

2. 关注机箱的风道设计

机箱的风道设计关系到计算机的散热效果。机箱设计多为从前面进冷风，背面出热风，电源则是从底部独立吸入冷风，这样的散热设计可使整机的散热效果非常不错。不过在选择时应重点关注机箱顶部有没有散热口，如果没有，则会使 CPU 和显卡散出的热气无法顺畅排出，导致机箱内部的温度较高，严重时会影响整机的运行效果，如图 2-6-2 所示。

图 2-6-2　可拆换机箱的部件

3. 关注机箱的用料和做工

比较重量轻、重两款不同的机箱，通常情况下是重些的机箱外壳材质要好一些。同时，在选购机箱时还要注意所选机箱有没有防尘网、背板的硅胶保护、吸音棉、硬盘的减震垫等，如图 2-6-3 所示。

图 2-6-3　机箱外观

总之，不要小瞧机箱对于整机的重要性。

2.29.2 电源

计算机属于弱电产品，也就是说，各部件所需求的工作电压都比较低，一般在正/负 12V 以内，并且使用直流电。由于中国民用交流电的标准电压为 220V，不能直接使用在计算机的各部件上，因此计算机像许多家用电器一样，需要一个电源，负责将普通市电转换为计算机可使用的电压。电源一般安装在计算机的主机箱内部，由于计算机的工作频率非常高，因此对电源的要求比较高。电源将普通交流电转为直流电，再通过斩波控制电压，将不同的电压分别输出给 CPU、主板、硬盘等设备，如图 2-6-4 所示。

图 2-6-4 电源

电源作为计算机主机的心脏，质量一定要好，电源出了故障计算机就不能正常运行，并且有可能会烧坏硬件设备。所以在选购电源时应注意以下四个方面。

1. 关注电源品牌

相信品牌的力量是最简单的选购方式，电源尽量选用熟悉的品牌，这样更有保障，毕竟知名品牌都是靠口碑赢得的销量。知名电源品牌主要有海盗船、航嘉、长城、安钛克、爱国者、游戏悍将、金河田等，每个品牌又有低端、中端、高端系列之分，性能和样式也有所差别。

2. 关注电源功率

硬件包装上都有功耗规划，如 i5 8400CPU 的功耗是 65W，GTX 1066 显卡的功耗是 120W，把所有配件的功耗加起来再加 100W 得到的数值就是适合自己计算机的电源额定功耗。加上 100W 电压的原因是考虑到将来电源可能会老化或功率衰减，这样整机的安全性更高，也便于硬件的扩展。

笔者的装机经验是，一般核显（无独立显卡）计算机的电源额定功率为 300W 就足够了，但考虑到可能会增加独立显卡，所以电源建议选择额定功率为 400W 左右的；一般酷睿平台双核/四核独显的中、低端主机，其电源额定为 500W 功率也就够用了，中、高端六核/八核独显及以上的主机建议电源额定功率为 650W 左右，至于高端发烧级、超频主机，电源功率的要求会更高。

3. 关注电源性价比

如果是中端计算机配置的话，选择 200～300 元级别的电源即可，如爱国者的"金牌电源"，当然也可以选择高端品牌的电源，可根据预算进行选择。

4. 关注电源模组和非模组

DIY 装机时如果是常规的电源线，由于机箱情况不一，线路长短不标准，有时走线并不是那么完美。这时全模组电源就有了用武之地，其分体式的电源线，甚至可以网上个性化定制不同颜色的线路，使机箱的颜值大大提升，尤其是有内部光源的机箱采用模组电源走线会更方便。普通用户使用普通电源就足够了，而且价格亲民，当然如果预算充裕，对主机内部的整洁性，要求比较高的话，也可以选择模组电源可带来更好的机箱走背线的体验。

2.30 键盘与鼠标概述及选购常识

2.30.1 键盘

键盘根据其工作原理的不同可分为两类：薄膜键盘和机械键盘。

1. 薄膜键盘

薄膜键盘内部有三层线路板，其中上、下两层印有导电线路，中间的隔层是绝缘层。键盘依靠把按键的硅胶碗按到底，让键盘的第一层与第三层接触，以触发信号。由于键盘内部的核心线路均设计在薄膜材料上，所以被称为薄膜键盘。由于薄膜键盘的价格相对较低，用于机房中，如损坏则直接更换新键盘即可，如图 2-6-5 所示。

图 2-6-5 薄膜键盘

2. 机械键盘

机械键盘的工作原理是每个按键均有一个独立的轴体来负责信号的触发,用户按下键后轴体内部的两个簧片互相接触,以产生信号进行传递。由于机械键盘的制作工艺相对复杂,所以价格略贵一些,不适宜长时间多人次的使用环境,如图 2-6-6 所示。

图 2-6-6 机械键盘

因为薄膜键盘的价格便宜,所以购买时只要选择自己心仪的外观即可,而机械键盘的价格稍显昂贵,所以在购买时应注意以下两个方面的问题。

(1)选择轴体

① G 轴:价格实惠,手感和普通薄膜键盘差不多。

② BOX 轴:可防水、防尘,手感舒适。

③ Zealio 轴:夸张的配色与较贵价格,不适合普通用户使用。

④ C 轴:量产品牌,适合新手使用。

⑤ 红轴:压力适中,直上直下,反应迅速,适合非大力敲击的用户使用。

⑥ 黑轴:按压力度最大,确认感明显,适合游戏用户使用,不适合长时间打字的用户。

⑦ 青轴:初始压力最小,触发力度比红轴高比黑轴低,声音清脆,适合打字量适中的用户使用。

⑧ 茶轴:初始压力和触发压力与红轴相同,段落压力比红轴稍强,适合长时间打字的用户使用。

⑨ 白轴:压力介于红轴、黑轴之间,直上直下且无段落压感,适合游戏用户使用。

(2)档次划分

① 0~300 元(第四档),预算不足或不玩游戏偶尔使用计算机的用户可以考虑。

② 300~500 元(第三档),相比第四档外观上有些改变,触感有些提升。

③ 500~800 元(第二档),用户可以体验部分经典品牌甚至旗舰款式,而且在功能方面也有着极大提升,同时还能享受出色的灯光效果。

④ 800 元以上(第一档),这个价位可以说是机械键盘的"巅峰"了,这类产品都有着相当惊艳的表现,并且配有 RGB 灯光特效,对于追求极致的用户可以考虑。

2.30.2 鼠标

鼠标是计算机重要的输入设备。它是显示系统横纵坐标定位的指示器，因形似老鼠而得名，其准确称呼应为鼠标器（Mouse）。鼠标的使用是为了使计算机的操作更加简便快捷，以代替键盘敲击的烦琐指令，如图 2-6-7 所示。

图 2-6-7 鼠标

鼠标是 1964 年由美国加州大学伯克利分校的博士生道格拉斯·恩格尔巴特（Douglas Engelbart）发明的，当时他在斯坦福研究所（SRI）工作，很早就在考虑如何使计算机的操作更加简便，用什么手段来取代由键盘输入的烦琐指令，申请专利时的名字为"显示系统 X-Y 位置指示器"。

现在，鼠标种类非常繁多，按不同的切入点可以有多种分类方法：①按工作原理可分为机械式、光机式、光电式和触控式；②按接口类型可分为串行鼠标、PS/2 鼠标、总线鼠标、USB 鼠标；③按有无连线可分为有线鼠标和无线鼠标，其中无线鼠标按工作模式又分为 27MHz 无线鼠标、2.4GHz 无线鼠标和蓝牙鼠标。

在选购鼠标时应从以下四个方面加以关注：

1. 分辨率

鼠标的分辨率是指鼠标每移动 1 英寸，光标在屏幕上移动的像素点数，使用 dpi 表示。鼠标的 dpi 值越高，移动的速度越快，定位也就越准确。

2. 扫描频率

鼠标扫描频率是指单位时间内的扫描次数，单位是次/秒。扫描频率越高则鼠标的定位精度越高。

3. 人体工程学设计

鼠标的人体工程学设计是指根据用户的手形、用力习惯、易操控程度等因素，专门制作的舒服贴手的鼠标。

4. 鼠标的使用场景

一般家庭用户对鼠标的要求不高，只是上网、打字等，建议以实用为主、价格为辅的综合考量模式来购买鼠标。办公室用户因办公对键盘和鼠标的使用频率相对较高，所以在选择鼠标时应当多考虑一些因素，如外观的个性化、握捏舒适度等，长时间使用鼠标应尽量保证不易使手腕和肌腱疲劳、受伤。对于游戏玩家，由于游戏软件对操作要求相对较高，所以在购买鼠标时需要考虑周全，如灵敏度、多功能按键个数等。

2.31 网卡与路由器概述及选购常识

2.31.1 网卡

台式计算机主板集成了网卡芯片，在主机箱后部主板的 I/O 接口面板上有一个 RJ45 水晶头接口，可以满足普通用户日常使用以太网的需求，而笔记本电脑除了提供网线连接方式，还集成了无线网卡，极大地提升了笔记本电脑可移动使用的特性。

网卡最主要的功能是实现数据的封装与解封装，它拥有对网络数据报文加工和解析的能力，属于计算机与网络设备间通信的门户。网卡曾经是以独立网卡的形式安装在主板的扩展插槽中的，但是随着芯片集成度的提高，现在的主板都提供集成式网卡接口，在没有特殊网络拓扑要求的情况下完全不需要单独购买独立网卡，甚至有些主板还集成了两个 RJ45 接口用以备份、替换或用作其他网络用途。

要让网卡能够正常运行，需要为其安装与硬件相匹配的驱动程序，驱动程序可让网卡明白应将网络发送过来的数据存储在存储器的什么位置，又该在存储器的什么位置调取数据发送到网络中。除了驱动程序，计算机系统还必须安装网络协议以适应网络数据的调制解调工作，否则收到的数据只能当作一堆乱码处理。目前以太网普遍使用 IPv4 协议进行数据传输，部分系统也支持 IPv6 协议。

根据网卡所支持的物理层标准与主机接口的不同，网卡可以分为以太网卡和令牌环网卡等。根据网卡所支持的计算机种类分类，主要分为标准以太网卡和 PCMCIA 网卡，标准以太网卡用于台式计算机联网，而 PCMCIA 网卡用于笔记本电脑。根据网卡支持的传输速率分类，主要分为 10Mbit/s 网卡、100Mbit/s 网卡、10/100Mbit/s 自适应网卡和 1000Mbit/s 网卡 4 类。

按照传输速率的要求，10Mbit/s 和 100Mbit/s 网卡仅支持 10Mbit/s 和 100Mbit/s 的传输速率，在使用非屏蔽双绞线 UTP 作为传输介质时，通常 10Mbit/s 网卡与 3 类 UTP 配合使用，而 100Mbit/s 网卡与 5 类 UTP 相连接；10/100Mbit/s 自适应网卡是由网卡自动检测网络的传输速率，保证网络中两种不同传输速率的兼容性。随着网卡传输速率要求的不断提高，1000Mbit/s 网卡现已普遍使用在普通家庭用户级别的主机上。

因为台式主机在选购配置时，用户一般不太关心无线网络接入的问题，所以这里选购无线网卡是指以将家庭中的台式计算机接入家庭无线 Wi-Fi 网络中，下面介绍选购无线网卡所需要注意的五个方面：

1. 选择接口类型

可在台式计算机上使用的无线网卡主要有 PCI 接口和 USB 接口两种，其中 PCI 接口的无线网卡可以直接插在主板 PCI 插槽中，USB 接口的无线网卡可以和计算机的 USB 接口连接。在选购的过程中，如果不考虑价格，只考虑安装的方便程度，推荐选择 USB 接口的无线网卡，它不仅可以随意插拔，还可以随时用于其他计算机。

2. 选择网络标准

适用于台式计算机的无线网卡采用的网络标准主要是 Wi-Fi 联盟认证的 IEEE 802.11a

标准、IEEE 802.11b 标准、IEEE 802.11g 标准和 IEEE 802.11n 标准。此外，很多厂商考虑到网络传输速率的自由选择，特别设计了同时支持这些标准的产品，这样产品就可以自由选择传输速率了，如辉航 WSA3000B，如图 2-6-8 和图 2-6-9 所示。

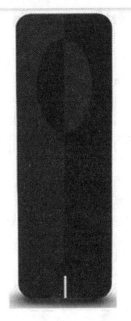

图 2-6-8　辉航 WSA3000B

型号：WSA3000B	
天线规格	说明：内置天线 频率范围：2412～2483.5MHz ，4915～5825MHz
网卡接口	USB 2.0
无线标准	IEEE 802.11 a/b/g/n
空间流	2T2R
温度	工作温度：0℃～45℃ 存储温度：-40℃～70℃
发射功率	802.11a（OFDM）54Mbps: 10+/-1dBm
	802.11b（CCK）11Mbps: 18+/-1dBm
	802.11g（OFDM）54Mbps: 15+/-1dBm @ EVM <-31dB
	802.11n（HT20@MCS7），15+/-1dBm.（HT40@MCS15），14+/-1dBm
接收灵敏度	802.11a: -66+/-1dBm
	802.11b: -88+/-1dBm
	802.11g: -73+/-1dBm
	802.11n（HT20），-70+/-1dBm；802.11n（HT40），-72+/-1dBm
支持的操作系统	Windows XP 32/64, Windows7 32/64, Windows8 32/64, Win 10
产品特性：	
2T2R Mode, Built-in on board PCB antennas; 20MHz/40MHz bandwidth; 802.11a: 6, 9, 12, 24, 36, 48, 54Mbps ; 802.11b: 1, 2, 5.5, 11Mbps; 802.11g: 6, 9, 12, 24, 36, 48, 54Mbps ; 802.11n: Support PHY rate up to 300Mbps. Support Soft-AP; QoS-WMM, WMM-PS; WiFi Direct; WPS	

图 2-6-9　WSA3000B 参数表

3. 选择传输速率

在选购台式计算机无线网卡时，首先要注意产品所支持的网络标准，其次就要关注其支持的最大传输速率。支持 IEEE 802.11b 标准的无线网卡最大传输速率可达 11Mbit/s，支持 IEEE 802.11g 标准的无线网卡最大传输速率可达 54Mbit/s，支持 IEEE 802.11n 标准的无线网卡最大传输速率可达 300Mbit/s。如果组建的无线局域网中拥有数量较多的计算机，可以选择高传输速率的无线网卡。

4. 选择信号覆盖范围

台式计算机无线网卡覆盖范围的大小直接影响无线信号的发送和传输，在选择台式计算机无线网卡时要特别注意该指标。适合台式计算机使用的无线网卡的室内覆盖范围一般为 30～120 米，室外覆盖范围为 100～350 米甚至更广。无线网卡覆盖范围还受网络周围的环境限制，如台式计算机周围是否存在阻碍接受无线信号的设备、台式计算机的主板是否安装了太多的配件等情况。

无线网卡的穿墙能力也会影响其覆盖范围，如在不同的房间或办公室使用无线网络，其接收信号势必要受到墙壁的影响，连接性能也会有所下降。所以在室内使用无线网卡就不要过分追求较大的覆盖范围。同时，在组建无线网络时，接收端无线网卡应尽量离无线 AP（Access Point）或无线路由器近一点，以保证连接的稳定。

5. 选择安全性能

在组建无线局域网时，标准的无线局域网会存在安全问题。因此在选购台式计算机的无线网卡时，一定要注意安全性能指标。市场上的无线网卡都支持 64/128bit 的 WEP 加密技术，部分产品可以达到 256bit，建议选择 WEP 加密位数较高的产品。

2.31.2 路由器

路由器是可以连接两个或多个不同网段或类型网络的硬件设备，在网络间起网关的作用，是读取每一个网络数据包中地址数据段后决定如何传送数据包的网络设备。路由器能够理解不同的协议，并可分析各种不同类型网络传来数据包的目的地址，把非 TCP/IP 网络的地址转换成 TCP/IP 地址，或者反之，再根据选定的路由算法把各数据包按最佳路线传送到指定位置，所以路由器可以把非 TCP/IP 网络连接到互联网上。

路由器分本地路由器和远程路由器两类，其中本地路由器是用来连接网络传输介质的，如光纤和双绞线；远程路由器是用来连接远程传输介质的，并可要求增加相对应的设备，如电话线要配调制解调器、无线要连接无线接收机和发射机等，华为企业级路由器 AR1200 如图 2-6-10 所示。

图 2-6-10　华为企业级路由器 AR1200

普通用户所选择的路由器一般是指本地路由器，特别是添加了无线局域网功能的家用级路由器，被用来当作家庭环境或者工作环境的 AP 使用。以下所讨论的路由器选购不涉及专业网络领域使用的企业级路由器，仅为普通的家用级路由器，如图 2-6-11 所示。

图 2-6-11　家用级路由器

普通家用级路由器选购时需要关注以下五个方面。

1. 关注网络所需传输速率

家用网络用户在网络服务提供商 ISP 办理网络服务时，ISP 宣传的带宽是百兆带宽、千兆带宽等，并不是说下载速度就是百兆字节每秒，如 100Mbit/s 带宽所提供的下载速度其实仅为 10MB/s 左右，这是因为网络传输中一般以 bit 比特作为计算单位，而计算机是以 Byte 字节作为最基础的计算单位，即 1Byte=8bit，所以百兆带宽要除以 8 才是计算机实际下载速度的峰值，加上损耗等不确定因素，实际最高的下载速度应在 10MB/s～11MB/s。

如果用户办理的宽带速率超过了百兆，在选择交换机时也应该相对提高路由器的转发速率，如办理 300 兆带宽的网络业务，选购了百兆路由器，那么用户的最大下载速度就被限制在了百兆级别，所以要想最大利用带宽就必须更换成千兆级的路由器。

2. 关注路由器的品牌

品牌效应在计算机硬件的各个领域都适用，硬件品牌众多，如图 2-6-12 所示，虽然小众品牌路由器厂商经常打出高性价比这张牌，但是大品牌路由器拥有更加成熟的电路和固件的设计经验，在做工和用料等方面都要胜过小众品牌路由器。

图 2-6-12　华硕 RT-AC88U 路由器

应了解路由器的品牌并要持续关注，下面就介绍一些路由器的品牌。

第一梯队有华硕、网件、Linksys 三家公司的产品，不仅稳定还能刷系统和用网件刷梅林系统这种操作官方都会作为卖点进行宣传。它们的缺点是比较贵；

第二梯队有 X 迅、TP-LINK、腾达、水星、迅捷等公司的产品，其型号齐全，但是经常会方案互用，换个壳子就是别家的产品了；

第三梯队就是华为（包括华为旗下的荣耀）、小米、360 等公司的产品，特别说一下，华为路由器交换机设备在企业级做得极好，在 5G 网络也有极强的发言权，但是家用设备这方面确实比不上第一梯队和第二梯队的家用型产品，不过毕竟家用无线局域网对网络的要求并不高，只要稳定就行。如果信号弱可以多买几台，在家中布置多个 AP 点位就行了。

3. 关注路由器的参数

商家在宣传中明明标注了路由器是千兆无线速率，但是买回家带电插线后却发现手机接入仍然只有百兆级别，这是因为商家打假广告吗？其实不是，因为用户购买的路由器虽然无线网络速率能达到千兆级，但是选用的有线网络接口却是百兆级的，所以网速受限了。

那么在选购路由器时，一定要关注路由器的有线接口速率是否与无线网络速率匹配。另外，用户在购买路由器之前应该提前规划好网络布局，算清楚连接路由器的线路有多少条，以决定购买有多少接口的路由器。

4. 关注路由器天线数量

在讨论天线数量的问题前，先说一下 MU-MIMO 技术（Multi User Multiple-Input Multiple-Output），也就是多用户的多入、多出技术，即多天线传输技术。路由器上不同数量的天线就是为 MU-MIMO 技术准备的，如图 2-6-13 所示。

图 2-6-13　多天线路由器

IEEE 802.11n 标准（2.4G WiFi）规定的最大传输速率是 150Mbit/s，随着技术的进步，这个数值在一些好的路由器上已升至 200Mbit/s。但是在网商平台上随便就可搜出 800Mbit/s、1200Mbit/s 等速率的路由器，就是 4 乘以 200Mbit/s、6 乘以 200Mbit/s 的意思，多天线路由器带来的优势就是速率叠加，能更好地将网络资源分配给支持 MU-MIMO 技术的设备，但只能在多个支持 MU-MIMO 设备同时传输时发挥作用，对单设备传输速率极限并没有任何影响。

用户在购买路由器时，应该首先考虑接入的设备数量，再考虑购买路由器天线的数量。

5. 关注 5G 技术

2020 年被称为"5G 元年"，但是很多用户对 5G 并不十分了解，下面用传统 IEEE 802.11n 标准与 5G 做一个对比，就能一目了然了。

IEEE 802.11n 网络的优势是频率越低，且波长越长，所以能有更好的穿墙能力，其传播距离更远；但是 IEEE 802.11n 网络的劣势也很明显，那就是频段少，很容易被相同频段干扰，如家电、无线电、智能家居设备等多使用同一频段，甚至邻居的同频段无线网络也会相互干扰。由于 IEEE 802.11n 网络能提供的带宽非常有限，接入网络如果大于 150Mbit/s 带宽，那么路由器就很难发挥出网络带宽应有的速度。

5G 网络拥有传统 WiFi 网络无法比拟的无线速率，其频段选择量大、抗干扰能力强，且延迟更低，能在物联网时代发挥巨大的作用。但是 5G 网络的不足包括频率较高、波长短、在空气或障碍物中衰减严重、传输距离不如传统 Wi-Fi 等。因此，在使用 5G 网络路由器进行无线网络布线时才更应该增加 AP 点位，以弥补其不足。

2.32 耳机与音响概述及选购常识

2.32.1 耳机

耳机是一对电信号至声波信号转换单元。它接收连接端设备所发出的电信号，并利用贴近耳朵的扬声器将其转化成人耳可以听到的声波。耳机一般是与连接端设备分离的，利用一个插头连接。使用耳机的好处是在不影响他人的情况下，可独自聆听声音，同时也可隔开周围环境嘈杂。耳机已被广泛应用于计算机、手机、可携式音视频播放设备和其他专业设备中，如图 2-6-14 所示。

图 2-6-14 头戴式耳机

耳机根据"电声转换"方式可分为动圈式、动铁式、静电式和等磁式；根据耳机结构功能可分类为半开放式和封闭式；从耳机佩戴形式上可分类为耳塞式、挂耳式、入耳式和头戴式；从耳机佩戴人数上可分为单人耳机和多人耳机；从耳机接收的音源可以分为有源耳机和无源耳机，其中有源耳机也称为插卡耳机，如图 2-6-15 所示。

图 2-6-15 耳塞式耳机

耳机一般都有两个声道，标注为 R 的代表右声道，标注为 L 的代表左声道。
在选购耳机时应该从以下四个方面进行关注。

1. **耳机的音质**

由于每个用户的头部和耳朵的形状是不同的，一副耳机对不同的用户会有不同的听觉感受，所以任何推荐都只能作为参考，一定要亲自聆听才能感受到耳机音质的优劣。

一副优秀的耳机应该是声音清晰、细节丰富、无明显失真的，低频有力而清晰，整个频带顺滑平整，即音色低频不过暖、高频不过冷。对于任何一副耳机，其三频不可能都是十分完美的，它们之间能平滑自然的过渡是最重要的。

2. 佩戴耳机的舒适性

佩戴耳机的舒适性也是相当重要的。一副耳机佩戴时不能太紧也不能太松，头戴式耳机的头带和单元的可调整性可以保证不同头形和不同用途的使用，另外耳机连接线的长度和单元的入线方式也是影响使用的一个因素。入耳式和耳塞式耳机应该注意选择软性硅胶材质作为入耳部件，这样保护耳道不会因为意外划伤。挂耳式耳机也应该注意材质及耳型的贴合。特别注意的是，在使用耳机时应尽量将耳机音量调小，保证不伤耳膜，如图2-6-16所示。

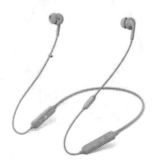

图2-6-16　运动型无线耳机

3. 耳机的耐用性

由于便携音响的耳机比较轻小，很容易损坏；专业耳机使用和移动频繁，线也容易被踩断和拉断，所以要求耳机要制造得非常坚固，而且部件易于维修和更换。同耐用性相关的是承受功率，很小的功率就可以把耳机推到很大声，超过承受功率时就有损坏耳机的可能，一般民用耳机的承受功率小于100mW，专业耳机在100～1000mW。高阻抗耳机的音圈抗性较强，不像低阻抗耳机的音圈对功率变化那样敏感，更加耐用。

4. 使用耳机的目的

用户应根据使用耳机的目的进行挑选。如果是一般学习和听新闻用，选择头戴式、耳塞式等普通的电磁式耳机就足够了。若是听流行音乐，可选用中档耳机。若是欣赏高质量音乐，则应选用高保真耳机，如优质动圈式或电容式耳机。为了使用方便，可购买无线式耳机，不用连线。

2.32.2　音响

音响（或称音响系统）是指一整套可以还原播放音频信号的设备。随着科技的发展和进步，人们对于歌舞的表演形式和场地要求越来越多、越来越高。音响系统也随着使用者的需求而不断改进和完善，既能满足上万人演唱会现场的扩音需求，也能满足家庭中弹奏乐器、K歌的需要，如图2-6-17所示。

图 2-6-17　桌面音响

音响系统包括：①声源设备，如 DVD、CD、MP3、MP4、计算机、手机、麦克风等；②音频信号动态处理设备，如录音压限器、效果器、调音台、音频处理器、均衡器等；③音频信号放大设备，如功率放大器等；④声音还原设备，如全频音箱、吸顶喇叭、音柱、线阵音箱、阵列式音箱、高音喇叭、低音炮等。

按照音响系统使用的技术发展过程可以分为电子管式音响系统、晶体管式音响系统、集成电路式音响系统和场效应管式音响系统四个阶段。

用户在选购音响时应从以下五个方面加以关注。

1. 选择音响类型

音响类型可以分为三种：桌面音响、落地式音响和监听音响。在选购音响时，要明确使用音响的用途，如计算机是用来配合听歌、看剧的，购买桌面音响即可。

2. 明确音响功率

音响功率决定了音响发出声音的大小，想要使播放声音更大，就购买功率大的音响。

3. 关注音响的音色

试用时应仔细聆听音响发出的声音，如果音色较差，有噪音或杂音的话，则说明该音响的品质较差，即音色越优音响的效果就越好。

4. 关注音响的失真问题

如果使用音响播放时发现声音失真度较大，则说明该音响的品相较差，即失真度越小的音响效果越好。

5. 关注音响的品牌

在经济预算允许的条件下，挑选大品牌的音响产品，在音色、音质方面更能有保障。

2.33　打印机与扫描仪概述及选购常识

2.33.1　打印机

打印机是计算机系统的输出设备之一，属于计算机的外围设备，用于将计算机处理结果打印在纸及相关介质上。衡量一台打印机优劣的指标包括分辨率、速度和噪声。打印机的种类很多，按打印元件对纸是否有击打动作分为击打式打印机与非击打式打印机；按打印字符结构分为全形字符打印机和点阵字符打印机；按一行字在纸上形成的方式分为串式打印机与行式打印机；按所采用的技术分为柱形、球形、喷墨式、热敏式、激光式、静电式、磁式、发光二极管式等；按用途分为办公和事务通用打印机、商用打印机和专用打印机；按使用场景分为蓝牙打印机、家用打印机、便携式打印机、网络打印机和全能打印机，如图 2-6-18 所示。

图 2-6-18　打印机

用户在选购打印机时，应该注意以下的参数指标。

1. 分辨率

分辨率是衡量打印机质量的重要技术指标。打印机分辨率一般用最大分辨率作为标称值，即分辨率越高，打印出的质量越好。

2. 打印幅面

打印幅面是衡量打印机输出文图页面大小的指标，如 A4 或 A3 打印机等。

3. 首页输出时间

首页输出时间是激光打印机特有的技术指标，即在执行打印命令后，等待多长时间可以输出打印第 1 页的内容。

4. 介质类型

介质类型是指打印机所能打印的介质类型，如普通纸、喷墨纸、光面照片纸、专业照片纸、高光照相胶片、光面卡片纸、T 恤转印介质、信封、透明胶片、条幅纸等。

5. 纸张厚度

纸张厚度是指可以打印纸张的最大厚度，其单位为 g/m^2。

6. 装纸容量

装纸容量是指一次可装入的单页纸张数。

7. 字符种类

字符种类是指打印机可输出打印的字符，以及这些字符可采用输出打印的字体。

8. 输入数据缓冲区的大小

为了提高打印速度,应选择使用输入数据缓冲区足够大的打印机。

9. 回车时间

回车时间是指串行打印机打满一行字符后,字车从右端位置返回到左端初始位置所需的时间。

10. 换行时间

换行时间是指串行打印机从当前打印换到下一行所需的时间。

11. 打印方式

打印方式分为图形打印、文本打印、高速打印和高密打印四种。

12. 图形打印模式

图形打印模式是指以横向点密度所能打印点阵图形的方式。

13. 网络功能

网络功能是指打印机是否支持在局域网内共同使用,支持该功能的打印机不仅可以帮助用户提高效率,还可以节省用户采购设备的开支。

2.33.2 扫描仪

扫描仪属于计算机的外围设备,它是利用光电技术和数字处理技术,以扫描方式将图形或图像信息转换为数字信号的装置,通过光电技术捕获图像并将之转换成计算机可以显示、编辑、存储和输出的数字化输入设备。扫描仪以照片、纸质文本页面、图纸等作为扫描对象,数字化并保存到计算机文件系统中。扫描仪适用于办公自动化(OA),广泛应用在标牌面板、印制板、印刷等行业领域,如图2-6-19所示。

图2-6-19 扫描仪

扫描仪可分为三大类型:滚筒式扫描仪、平面扫描仪和新型扫描仪,其中新型扫描仪包括笔式扫描仪、便携式扫描仪、馈纸式扫描仪等。

滚筒式扫描仪一般采用光电倍增管PMT(Photo Multiplier Tube),所以它的密度范围较大,且能够分辨出图像细微的层次变化。

平面扫描仪使用的是光电耦合器件CCD(Charged-Coupled Device),故其扫描的密度范围较小。所谓 CCD 是一长条状有感光元器件，在扫描过程中可将图像反射过来的光波转化为数位信号。平面扫描仪使用的 CCD 大都是具有日光灯线性陈列的彩色图像感光器。

新型扫描仪中的馈纸式扫描仪（小滚筒式扫描仪）是为了满足 A4 幅面文件扫描的需要推出的产品，有彩色和灰度两种，彩色型号一般为 24 位彩色。笔式扫描仪，刚推出时扫描宽度大约只与四号汉字相同，使用时，要贴在纸上一行一行的扫描，主要用于文字识别。便携式扫描仪小巧、快速，其扫描速度仅需 1 秒，且价格适中受到广大企事业办公人群的喜爱，如图 2-6-20 所示。

图 2-6-20 便携式扫描仪

用户在选购扫描仪时，应注意以下的参数指标。

1. 分辨率

分辨率是扫描仪主要的技术指标，表示扫描仪对图像细节的处理能力，即决定了扫描仪所记录图像的细致程度，其单位为 PPI（Pixels Per Inch），指在每英寸长度上扫描图像所含有像素点的个数，大多数扫描仪的分辨率为 300～2400PPI。PPI 数值越大，扫描仪的分辨率就越高，扫描图像的品质也就越好。

2. 灰度级

灰度级表示图像的亮度层次范围。级数越多扫描仪图像亮度范围就越大，其层次也就越丰富，多数扫描仪的灰度为 256 级。

3. 色彩数

色彩数表示彩色扫描仪所能产生颜色的范围，通常用每个像素点颜色的数据位数（bit）表示，色彩数越多，扫描图像就越鲜艳真实。

4. 扫描速度

扫描速度有多种表示方法，因为与分辨率、内存容量、硬盘存取速度，以及显示时间有关，所以通常用指定的分辨率和图像尺寸的扫描时间来表示。

5. 扫描幅面

表示扫描图稿的尺寸大小有 A4、A3、A0 等幅面。

> **温馨提示**
>
> 很多公共场所都使用"Wi-Fi全覆盖"为宣传卖点吸引人流量，导致现在提起Wi-Fi就会联想到无线网络，但Wi-Fi并不是表示无线网络，而是Wi-Fi联盟，它是1999年成立的在工业界致力于解决符合802.11标准的产品设备的兼容性问题的组织。所以Wi-Fi是制造无线网络设备的组织，并不是代表无线网络本身。而常说的接入式无线网络使用WLAN（Wireless Local Area Network），WLAN即指应用无线通信技术将计算机设备互联起来构成可以互相通信和实现资源共享的网络体系。可惜"WLAN"这个词并没有得到普及，非专业人士在提到接入无线网络时，最先想到的还是Wi-Fi。

项目小结

通过对项目二的学习，对计算机硬件常识已有所了解，包括对主机箱内的CPU、主板、内存、硬盘、显卡、机箱、电源等设备的认识，以及与主机箱相连，用于输入/输出设备的了解，如显示器、键盘、鼠标、耳机、音响等，当然还有对网络设备，如网卡和路由器相关知识的学习，以及对办公室常用的输入设备扫描仪和输出设备打印机的初步学习了解。硬件更新换代的速度很快，基本遵循摩尔定律，就是计算机的运算速度每3年可以翻番，本书中所介绍的知识也仅限于2020年左右的相关硬件常识，如果真的需要动手配置一台主机的话，一定要先了解清楚相关硬件的发展新趋势，如新的架构、新的功能、新的理念，以及全新的设备，或全新的接入方式。

思考与练习

1. 在选购计算机时，最先应该选购哪个部件，其次选购哪个部件，剩下的部件是否仍要有选购的次序，如果有，请说出这样排序的理由；如果没有，请说出最先选购和其次选购设备的理由。（请至少从价格因素、接口因素、难易程度这三方面考虑，当然考虑层面越多越好。）

2. 在未来10年内，现有的计算机硬件设备最有可能被淘汰的是什么？请在合理的范围内说明你的理由。

3. 在未来10年内，在计算机硬件领域最有可能大规模商用的新技术是什么？有哪种设备会加入到将来计算机硬件配置必备的清单中？请在合理的范围内说明你的理由。

实　　训

　　通过对计算机硬件常识的学习，已经对计算机各部件有所了解，现要求大家按照 5000 元的标准（上下浮动不超过 5%）进行选购练习，可以登录太平洋电脑网（www.pconline.com.cn）使用"自助装机"进行选购配置练习，也可以登录中关村在线（www.zol.com.cn）使用"模拟攒机"进行选购配置练习，最终形成一份配置清单，清单中需要详细标出各部件的型号、参数和价格，在每份配置清单的底部要计算出合计价格，最终保存成以学号+姓名命名的 Word 文档并提交。

项目三

微型计算机的组装

♻ 项目导入：

　　大多数人虽然会使用计算机，也具备一定的理论知识，但缺乏实践操作经验。为了适应时代的发展，培养社会需要的应用型人才，本项目内容旨在增强实践性能力，当需要对计算机进行硬件维修时，可以尝试自己动手拆装硬件部件。

♻ 学习目标：

1. 认识并会使用组装计算机的常见工具。
2. 了解组装计算机的注意事项。
3. 了解计算机的各个部件在主机箱中的安装位置。
4. 掌握拆装计算机的方法。

任务一　计算机组装前的准备工作

任务分析：

在开始组装计算机前，需要先从以下两个方面完成组装前的准备工作：首先要准备组装工具；其次要了解组装计算机的注意事项，避免人身伤害和财产损失。

3.1　准备组装工具

"工欲善其事，必先利其器。"一套顺手的安装工具可以让装机过程事半功倍。

1. 螺丝刀

螺丝刀是一种用来拧转螺钉以迫使其就位的工具，通常有一个薄楔形头，可插入螺钉头的槽缝或凹口内，京津冀和陕西地区称其为"改锥"，安徽、河南和湖北等地称其为"起子"，中西部地区称其为"改刀"，长江三角洲地区称其为"旋凿"。螺丝刀主要有十字（正号）和一字（负号）两种，如图3-1-1和图3-1-2所示。

图3-1-1　十字螺丝刀　　　　　　　　图3-1-2　一字螺丝刀

十字螺丝刀用来拆装十字螺钉，最好能准备顶部带有磁性的螺丝刀，可以轻松吸取螺钉，便于安装和拆卸，同时可防止螺钉掉落。

一字螺丝刀，又称平口螺丝刀，用来拆装一字螺钉。

2. 尖嘴钳、老虎钳

尖嘴钳、老虎钳用来拧螺母和夹线，适合用于狭小工作空间，在拆卸机箱上的各种挡板或挡片和安装铜柱的螺钉时都要用到，也可以用其剪断扎带等，如图3-1-3和图3-1-4所示。

图3-1-3　尖嘴钳　　　　　　　　图3-1-4　老虎钳

3. 镊子

镊子用来夹取一些小件物品，如螺钉、跳线帽等，如图 3-1-5 所示。

4. 软毛刷

软毛刷可用来除去灰尘，如图 3-1-6 所示。

图 3-1-5　镊子

图 3-1-6　软毛刷

5. 皮老虎

用皮老虎（如图 3-1-7 所示）出气嘴对准要除尘的部位，压动箱体，吸气时应尽可能将出气嘴离开灰尘部位，防止将灰尘吸入箱体，反复进行，即可达到除尘的目的。皮老虎对清除附着力较低的浮尘有明显效果，必要时可配合干燥毛刷进行清洁处理。

图 3-1-7　皮老虎

6. 橡皮

橡皮用来除去金手指上的氧化物。如内存故障出现的原因是由于接触不良导致的，可通过擦亮金手指和清理内存插槽来解决。内存的金手指特别容易氧化，氧化之后会影响金手指与内存插槽之间良好的接触性。使用橡皮擦，用力反复擦拭金手指，直到金手指出现光亮的色泽，这样就将附着在金手指上的氧化物清除掉，使之与内存插槽之间有良好的接触，可避免开机故障和系统蓝屏的情况发生。

7. 导热硅脂

导热硅脂（散热膏）以有机硅酮为主要原料，通过添加耐热、导热性能优异的材料制成的导热型有机硅脂状复合物，用于功率放大器、晶体管、电子管、CPU 等电子元器件的导热及散热，从而保证电子仪器、仪表等电气性能的稳定。即使是表面非常光洁的两个平面在相互接触时都会有空隙出现，这些空隙中的空气是热的不良导体，会阻碍热量向散热片的传导,涂抹硅脂的作用就是填补 CPU 散热器和芯片之间的缝隙,起到辅助导热的作用。质量好的导热硅脂具有良好的导热、耐温和绝缘的性能，在使用中不会产生腐蚀气体，也不会对所接触的金属产生影响，可增加散热效果，避免因 CPU 温度过高而导致计算机经常死机，可保证计算机的稳定运行，延长使用寿命。但导热硅脂使用时间长了会变干，从而性能下降无法导热，还可能造成温度堆积，所以要根据硅脂品质、使用情况的不同，重新进行涂抹，如图3-1-8所示。

图3-1-8 导热硅脂

8. 防静电手套

防静电手套具有防汗和防滑的性能，同时也可防止操作时人体产生的静电对电子元器件带来的损坏，如图3-1-9所示。

图3-1-9 防静电手套

9. 扎带

扎带用于捆扎各类线材，把凌乱的数据线捆绑起来，如图3-1-10所示。

图3-1-10 扎带

3.2 组装计算机的注意事项

1. 小心静电

对于像CPU、主板、内存模块和其他敏感元器件来说，静电转移到电路所产生的电荷振荡很容易损坏这些组件。正因如此，计算机配件的制造商通常会将产品包装在特殊的防静电袋中，以保护它们能够被安全运输。然而，用户在组装和处理配件时，很容易向其传导静电，而最糟糕的是一旦元器件被击坏是无法通过观察物理外观发现的。

> **温馨提示**
>
> 安装前需要消除身上的静电，可以摸下接地的金属或拆机前洗手，也可以戴防静电手套、手环。

2. 注意防插错设计

插拔设备时要注意插头、插座的方向。一般设备都有缺口、倒角等防出错的措施。

3. 轻拿轻放

装机过程中移动计算机部件时要轻拿轻放，特别是对于CPU、硬盘等性质较脆且价格昂贵的部件更需要轻拿轻放，小心磕碰。

4. 不可使用蛮力

安装主板要稳固，要防止主板变形，在插拔数据线时，要注意用力的方向，不要抓住线缆拔插头，以免损伤线缆，同时切勿生拉硬扯，以免将接口的插针拔弯，造成再次安装时的困难。

5. 检查是否插牢

检查各种板卡和各类插头是否插牢。

6. 阅读说明书

进行计算机组装前一定要认真阅读主板、CPU，以及各个部件的使用说明书，了解这些部件的安装要点。

任务二　安装步骤

任务分析：

装机前的准备工作完成后，就可以将计算机硬件组装成可用的计算机了。不同的用户在组装计算机时，因需求不同，对硬件要求也不同，但处理器、内存条、主板、电源、硬盘、显示器、鼠标、键盘等总是必不可少的。不正确的安装会导致重要部件被损坏，安装时还要注意防反标志，可以参照以下组装流程进行计算机的组装工作，如图3-2-1所示。

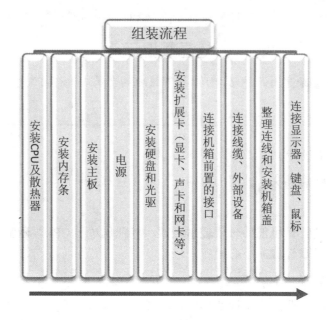

图 3-2-1 计算机的组装流程

3.3 安装 CPU

可先将主板放置在主板保护垫上,向外、向上将 CPU 压杆松开(如图 3-2-2 和图 3-2-3 所示),如 CPU 插座上配有盖板,安装好 CPU 后,将压杆重新放下,盖板会自动弹出,如图 3-2-6 所示。

安装 CPU

图 3-2-2　CPU 插座(1)　　　　　　图 3-2-3　CPU 插座(2)

安装 CPU 时要注意,CPU 插座具有防反设计(如图 3-2-4 所示),将 CPU 上的三角形标志(如图 3-2-5 所示),与处理器插座上的三角标志对准。将 CPU 上的两个定位半圆孔对齐处理器插座上的两个凸点,慢慢将 CPU 轻压到位,安装后扣下盖板,按下压杆并扣在 CPU 插座的固定扣上。

图 3-2-4　CPU 插座（3）　　　图 3-2-5　CPU 放入插座　　　图 3-2-6　盖板自动弹出

在 CPU 封装外壳或风扇散热片上均匀涂上薄薄一层导热硅脂（如图 3-2-7 和图 3-2-8 所示），由于原装风扇本身自带硅脂，可以直接安装，无须再次涂抹硅脂。

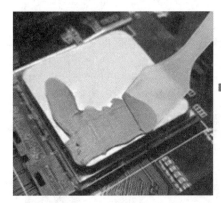 

图 3-2-7　涂抹硅脂（1）　　　　　　　　　　　图 3-2-8　涂抹硅脂（2）

3.4　安装散热器

1. 整理风扇

安装散热器

要注意风扇电源线和扣具按钮的位置，要将线整理出来，不要让风扇在运行工作时对线产生各种接触，通常电源线的初始位置处于风扇里，需要取出。安装前需要注意扣具按钮上的黑色凸起圆点（旋钮）要靠近风扇，如果旋钮没有靠近风扇请将其恢复，如图 3-2-9 所示。

2. 调节散热器位置

将散热器调放到合适的位置，使风扇水平放置到处理器口盖上方，风扇上的四个插销对准主板上 CPU 插座四周的固定孔，如图 3-2-10 所示。

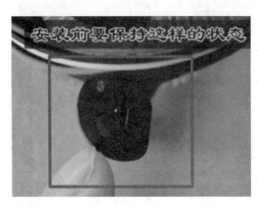

图 3-2-9　扣具按钮

图 3-2-10　调节散热器位置

3. 按压扣具

散热器扣具采用四个扣具的设计，安装扣具的方法可采用"对角线"按压安装法（若顺序按压容易造成风扇受力不均，导致另两个扣具按压困难）。安装散热器时卡点和主板上的扣孔对应好，如图 3-2-11 所示，按压扣具按钮时要稍用力，当听到一声清脆的"咔"声后证明按压成功，如图 3-2-12 所示。

图 3-2-11　按压扣具

图 3-2-12　安装完成后的反面效果

4. 连接风扇电源线

将风扇电源线（4PIN 接口）插到主板上的 CPU 风扇电源插座上，该插座也有防反设计，对齐插孔安装即可，如图 3-2-13 所示。

拆卸散热器时应先拔下风扇电源接口，将扣具柱顶端凸起圆点向散热器外逆时针旋转，如图 3-2-14 所示。待将旋转后的扣具柱用拇指和食指用力向上抬起，将四个扣具顺次取出即可。

图 3-2-13　CPU 风扇的电源插座　　　　　图 3-2-14　拆卸散热器

3.5　安装内存条

安装内存条

请注意观察内存插槽上小方形里标出的电压，如果是 2.5V，则适用 DDR 内存条；如果是 1.8V，则适用 DDR2 内存条；如果是 1.5V，则适用 DDR3 内存条，如图 3-2-15 所示。

首先将主板内存插槽两端的卡扣向外掰开，然后将内存条上金手指的缺口对准内存条插槽的防反隔断，最后轻轻按下内存条，直至卡扣自动扣上。通常内存安装到位后，插槽两端的卡扣就会自动锁住内存条。

安装内存条时需要注意，如果只安装一根内存条，则应安装在 DIMM1 插槽上；如果要组建双通道内存，则两根内存条都要装在颜色相同的 DIMM 插槽上。

图 3-2-15　安装内存条

3.6　安装主板和电源

1. 安装主板

（1）安装垫脚螺母

根据主板类型，将主板垫脚螺母（如图 3-2-16 所示）安放到机箱主板托架的对应位置上，并用老虎钳旋紧，旋紧垫脚螺母时不能用力过大，以免滑丝。

图 3-2-16　垫脚螺母

（2）定位主板

双手平行拖住安装有 CPU 及风扇、内存条的主板，小心放入机箱，并确保垫脚螺母与主板的定位孔一一对应，主板的 I/O 接口与机箱后部的 I/O 挡板对正。

（3）固定主板

将固定主板的螺钉套上绝缘垫圈并用十字螺丝刀将螺钉旋入垫脚螺母，待全部螺钉都安装到位后，最后沿对角线方向依次将每颗螺钉拧紧，如图 3-2-17 所示。

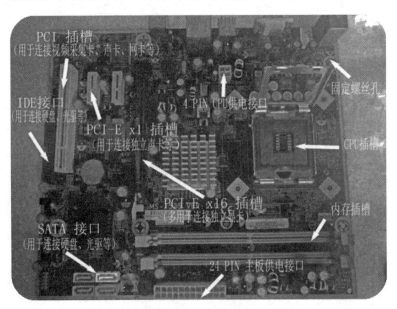

图 3-2-17　固定主板

2. 安装电源

（1）安装电源时，机箱内有电源固定插槽位，将电源放入机箱的电源固定架中。

（2）将固定螺钉孔与机箱上的固定孔位对正。

（3）找到电源的固定螺钉位，将电源初步固定在机箱上，再沿对角线方向将螺钉依次拧紧，如图 3-2-18 所示。

安装电源

图 3-2-18　安装电源

3. 连接主板电源

（1）将带有防反设计的（20+4）PIN 插头对应插入主板电源插座中，如图 3-2-19 所示。

（2）将带有防反设计的（4+4）PIN 插头对应插入主板的 8 口 CPU 供电电源插座中，如图 3-2-20 所示。

（3）其他电源插头如图 3-2-21 和图 3-2-22 所示。

图 3-2-19　（20+4）PIN 插头

图 3-2-20（4+4）PIN 插头
（可接 4PIN 与 8PIN CPU 供电插口）

图 3-2-21　6PIN×2+2PIN×2 显卡供电插头

图 3-2-22　大 4PIN+SATA 15PIN
风扇+硬盘光驱供电插头

3.7 安装硬盘和光驱

1. 安装硬盘

（1）固定硬盘

将硬盘接口朝向机箱背部，铭牌向上，推入 3.5 英寸固定架，两侧用螺钉固定。通常机箱有多个 3.5 英寸固定架，应优先选择散热较好的位置进行固定安装。

（2）连接硬盘电源和数据线

将电源线连接到硬盘的电源接口上，将 SATA 数据线一端连接到硬盘的数据接口上，另一端连接到主板的 SATA 接口上。数据线和电源线都有"L"型防反设计，应注意连接方向。

安装硬盘

2. 安装光驱

（1）固定光驱

取下机箱正面的光驱挡板，将光驱接口朝里，铭牌向上，从机箱正面慢慢平行推入 5.25 英寸固定架中，最后用螺钉固定。

（2）连接光驱电源和数据线

参照连接硬盘的方式，分别连接光驱的 15PIN SATA 电源线和 7PIN SATA 数据线，如图 3-2-23 所示。

安装光驱

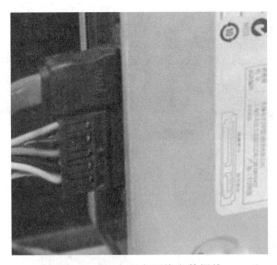

图 3-2-23　光驱电源线和数据线

3.8 安装显卡

安装显卡的步骤如下。

（1）找到显卡插槽在主板上对应的位置，松开挡板螺丝，取下挡板。

（2）用手轻握显卡两端，将显卡金手指向下垂直对准主板上对应的

安装显卡

显卡插槽，向下轻压到位。

（3）用螺钉将显卡固定在机箱背板上。

有些显卡需要单独供电，安装好后，还需要连接电源线。

3.9 连接线缆、外部设备

1. 连接线缆

面板线缆包括前置 USB 接口、前置音频接口、机箱电源开关、复位按钮、电源指示灯、硬盘工作指示灯等，由于机箱和生产厂商的不同，标志也不完全一致，在连接线缆时，需要先阅读主板和机箱的说明书。

（1）连接前置 USB 接口

将机箱前置 USB 接口连接线连接到主板的 USB 数据线插槽中。很多主板的 USB 接口有防反设计，可避免因不正确接入导致的主板烧毁。

（2）连接前置音频接口

为了使机箱前面板的耳机和麦克风接口能正常使用，可以将前置音频线连接到主板的扩展音频连接口 AAFP 排针上（采用 9 针防反设计），如图 3-2-24 和图 3-2-25 所示。

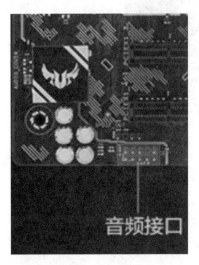

图 3-2-24　音频的连接口

图 3-2-25　已接音频的连接口

（3）连接系统控制排针

可分别连接机箱的电源开关、复位按钮、电源指示灯、硬盘工作指示灯等系统控制面板的连接排针，通常的连接方法是，硬盘工作指示灯 HDD LED 线连接 HDD_LED 排针，电源指示灯 POWER LED 线连接 PLED 排针，复位开关 RESET SW 线连接 RESET 排针，电源开关 POWER SW 线连接 PWR_SW 排针，如图 3-2-26 所示。

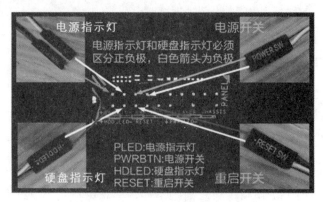

图 3-2-26　系统控制排针

（4）整理线缆

对机箱内的各种线缆进行整理，可用扎线捆绑，以便提供良好的散热空间，如图 3-2-27 所示。

图 3-2-27　整理线缆

2．连接外部设备

（1）连接键盘

将键盘插入机箱背面的紫色 PS/2 接口，如图 3-2-28 所示。

图 3-2-28　连接键盘

（2）连接鼠标

将鼠标插入机箱背面的绿色 PS/2 接口。

在插入键盘、鼠标的过程中一定要将针脚和 PS/2 接口的空心位置一一对应，不要使用蛮力，以免损坏针脚。如果是 USB 接口的键盘和鼠标，将其连接到机箱的 USB 接口上即可。

（3）连接显示器

根据显示器接口类型，将其连接到主机的相应接口上。以 VGA 接口举例，将具有防反设计的梯形接头插入机箱背面对应的 VGA 接口，如图 3-2-29 所示，安装后拧紧两旁的螺栓即可。

（4）连接音响

将音响线插入机箱前面或背面的绿色音频输出接口，如图 3-2-30 所示。

图 3-2-29　连接显示器

图 3-2-30　连接音响

3.10　通电测试

计算机组装完成后，对计算机进行通电检测，但在通电前还需要完成相应的准备工作，如检查线路有没有遗漏、部件是否安装到位、连接线是否连接好等，同时确保主板上不要有多余的导体，整个拆装过程都不能带电操作，防止造成触电伤害。开机测试前，需要依次检查 CPU 风扇电源线、硬盘电源线、光驱电源线、主板电源线、CPU 供电插头。

通常的开机顺序是先打开外部设备，再打开主机电源。通电之后 CPU 风扇开始转动，如果启动过程顺利，不久就能在显示器上看到相关的启动信息，正常启动后，盖上机箱外盖，装机工作结束。如果启动不正常，通常主板会发出长短不同、间隔不等的"哔哔"声，则需要查阅相关手册，根据不同的声音提示含义进一步检查相应部件。

·温馨提示·

在拆装计算机的过程中，千万不可带电操作，务必检查电源是否已经断开。

项目小结

本项目中认识了常用的拆装计算机的工具，了解了组装计算机的注意事项、正确的装机流程，并掌握了组装和拆卸计算机的方法。拆装过程并不复杂，但需要有足够的细心和耐心，否则操作失误就会导致整个部件的损坏。

思考与练习

1. 计算机常见的拆装工具有哪些？
2. 组装计算机时，应采取哪些措施可使CPU和主板不被损坏？
3. 根据使用需求，为自己配置一台计算机，选配时有哪些注意事项？再参考相关专业网站，浅谈你的使用需求和如何配置。

实训

根据现有条件拆卸一台完整的台式计算机，正确拔下各个部件的连接线，分别指出计算机各个部件的名称并说明其主要功能。操作完成后，将计算机重新组装还原，并总结拆装计算机的流程及其注意事项。

项目四

操作系统的安装

❖ 项目导入：

  工作中难免会遇到操作系统蓝屏、死机及工作异常等问题，可以说只要使用计算机的人都经历过类似的问题。如果自己会给计算机安装操作系统，不但可以节省大量的时间还能节约不少经济开支。想要给计算机安装操作系统，就必须要掌握一些理论和实践知识。要明确的是，安装操作系统不能靠死记硬背，要做到"知其然知其所以然"才能够安装各种型号的计算机操作系统。

❖ 学习目标：

1. 了解计算机 BIOS 的设置。
2. 能够进行简单的硬盘分区操作。
3. 能够制作 U 盘启动盘。
4. 能够安装 Windows 操作系统。
5. 能够对 Windows 操作系统进行备份和还原。

任务一　BIOS 设置与硬盘分区

任务分析：

对 BIOS 的设置是学习安装操作系统的必备知识。BIOS 是个人计算机启动时加载的第一个软件。它既是一组固化到计算机主板上一个芯片上的程序，也是连接计算机硬件和软件的一座"桥梁"，是计算机系统的重要组成部分。随着科技的不断发展，一般个人计算机（PC）的硬盘容量都是大于 500GB 的，在这样的情况下如何管理好硬盘就成了最大的问题。面对硬盘这样大的一个空间，为了方便管理和使用，对硬盘空间进行分区是不错的选择（硬盘分区）。硬盘分区就是让各个分区都独立出来，当一个分区遇到病毒或者数据丢失时，对其他分区也不会造成影响。硬盘分区还可以把不同的文件分开储存，可使数据更加安全，并且搜索数据也更加便捷。

4.1　BIOS 概述

BIOS（Basic Input Output System，基本输入/输出系统）是一组运行在计算机主板上一个 ROM 芯片的程序。它保存着计算机最重要的基本输入/输出程序、开机后自检程序和系统自启动程序，它可从 CMOS 中读写系统设置的具体信息，其主要功能是为计算机提供最底层的、最直接的硬件设置和控制。

4.1.1　BIOS 的起源

BIOS 技术源于 IBMPC/AT 机器的流行，以及第一台由康柏公司研制生产的"克隆"PC。在 PC BIOS 启动过程中，BIOS 担负着初始化硬件、检测硬件功能，以及引导操作系统的责任。在早期，BIOS 还提供一套运行时的服务程序给操作系统及应用程序使用。BIOS 程序存放于一个断电后内容不会丢失的只读内存（ROM）中，当系统过电或被重置（reset）时，处理器第一条指令的地址就会被定位到 BIOS 的内存中，让初始化程序开始执行。英特尔公司从 2000 年开始，发明了可扩展固件接口（Extensible Firmware Interface），用以规范 BIOS 的开发，而支持 EFI 规范的 BIOS 也被称为 EFI BIOS。之后为了推广 EFI，业界多家著名公司共同成立了统一可扩展固件接口论坛（UEFI Forum），英特尔公司将 EFI 1.1 规范贡献给业界，用以制定新的国际标准 UEFI 规范。目前 UEFI 2.3.1 规范是最新的版本，英特尔公司曾经预测，2010 年，全世界或有 60% 以上的个人计算机使用支持 UEFI 规范的 BIOS 产品。

4.1.2　BIOS 程序

BIOS 程序是储存在 BIOS 芯片中的，BIOS 芯片是主板上一块长方形芯片或正方形芯片，只有在开机时才可以进行设置。CMOS 主要用于存储 BIOS 设置程序的参数与数据，而 BIOS 设置程序主要对计算机的基本输入/输出系统进行管理和设置，使系统运行在最好状态下，使用 BIOS 设置程序还可以排除系统故障或者诊断系统问题。有人认为既然 BIOS 是"程序"，那它就应该属于软件，感觉像 Word 或 Excel。但也有很多人不这么认为，因为它与一般的软件还是有区别的，而且它与硬件的联系也是非常紧密。形象地说，BIOS 应该是连接软件程序与硬件设备的一座"桥梁"，负责解决硬件的即时要求。

4.2 BIOS 设置

4.2.1 BIOS 设置的进入

BIOS 的设置

由于计算机品牌有上百种，而每种品牌又有各种类型，所以 BIOS 的类型也是成百上千的，对于不同型号或主板，进入 BIOS 的方式也不同。关于进入的方式，可以根据主板型号进入购买主板的官方网站进行查询。表 4-1-1 列举出了常见品牌 BIOS 的进入方式。

表 4-1-1 常见品牌 BIOS 的进入方式

组装机主板		品牌笔记本		品牌台式机	
华硕主板	F8	联想笔记本	F12	联想台式机	F12
技嘉主板	F12	宏碁笔记本	F12	惠普台式机	F12
微星主板	F11	华硕笔记本	ESC	宏碁台式机	F12
映泰主板	F9	惠普笔记本	F9	戴尔台式机	ESC
梅捷主板	ESC 或 F12	ThinkPad	F12	神舟台式机	F12
七彩虹主板	ESC 或 F11	戴尔笔记本	F12	华硕台式机	F8
华擎主板	F11	神舟笔记本	F12	方正台式机	F12
昂达主板	F11	东芝笔记本	F12	清华同方台式机	F12
双敏主板	ESC	三星笔记本	F12	海尔台式机	F12
翔升主板	F10	明基笔记本	F9		
精英主板	ESC 或 F11	海尔笔记本	F12		
富士康主板	ESC 或 F12	清华同方笔记本	F12		
铭瑄主板	ESC	微星笔记本	F11		
盈通主板	F8	索尼笔记本	ESC		
Intel 主板	F12	苹果笔记本	OPTION		

有三种常见的进入 BIOS 的方式与几种特殊的进入方式，下面逐一介绍三种常见的进入方式：

（1）按"DEL"键，如图 4-1-1 所示。开机启动时，过了显卡信息后到 logo 图时，屏幕下方会出现"Press DEL to enter EFI BIOS SETUP"这个提示，即"按 DEL 键进入 EFI 模式的 BIOS 进行设置"。

图 4-1-1　第 1 种进入 BIOS 的方式

（2）按"ESC"键，在开机进入 logo 画面时会出现"Press ESC to enter SETUP"提示，中文为"按 ESC 键进入 BIOS 设置。"此时，按"ESC"键就可以进入 BIOS 的计算机，主要以 AMI BIOS 类型和 MR BIOS 为主，如图 4-1-2 所示。

图 4-1-2　第 2 种进入 BIOS 的方式

（3）按"F2"键，开机后会出现"Press F2 go to Setup Utility"提示，中文为"按 F2 键设置 BIOS 实用程序"，此时按下"F2"键即可进行 BIOS 设置，如图 4-1-3 所示。

图 4-1-3　第 3 种进入 BIOS 的方式

4.2.2　BIOS 的具体设置

BIOS 对于经常使用、维修，以及给计算机安装系统的人并不陌生，但是 BIOS 又是很多人不敢碰的一个东西，那么 BIOS 究竟是什么呢？它是一组固化到计算机主板上的一个程序，可以设置计算机的基本输入/输出程序、系统设置等信息，主要是为计算机提供最底层的硬件设置和控制系统。关于如何进行 BIOS 的设置，读者可以参考哔哩哔哩网站的相关内容，网址 https://www.bilibili.com/video/BV1vW411R7mb?from=search&seid=4670015642785009976。

4.3　硬盘分区概述

硬盘分区实质上是先对硬盘进行的一种格式化，然后才能使用硬盘保存各种信息。创建分区时就已经设置好了硬盘的各项物理参数，指定了硬盘主引导记录（Master Boot Record，MBR）和引导记录备份的存放位置。而对于文件系统及其他操作系统管理硬盘所需要的信息，则是通过之后的高级格式化（即 FORMAT 命令）来实现的。虽然完全可以只创建一个分区来使用全部或部分的硬盘空间，但无论划分了多少个分区，也无论使用的是 SCSI 硬盘还是 IDE 硬盘，必须把硬盘的主分区设定为活动分区才能够通过硬盘启动系统。

Windows10 的磁盘分区操作

磁盘分区是使用分区编辑器（partition editor）在磁盘上划分几个逻辑部分，不同类的目录与文件就可以存储至不同的分区。分区越多也就有更多不同的地方，文件可以按性质区分得更细使其存储在不同的地方进行管理，但太多的分区又造成了麻烦。空间管理、访问许可与目录搜索的方式，依属于安装在分区上的文件系统，所以需要谨慎地考虑分区的大小。

磁盘分区可看成是逻辑卷管理前身的一项简单技术。

4.4　硬盘分区及格式化

安装操作系统和软件之前，首先需要对硬盘进行分区和格式化，然后才能使用硬盘保存各种信息。那么就产生了下面两个问题。

Windows10 格式化磁盘

1. 为什么要对硬盘进行分区

因为一块大容量硬盘正如一个大柜子，虽然在这个柜子里存放各种文件有很多种方法，但为了便于管理和使用，一般都会把它分成一个一个的相对独立的"隔间"或"抽屉"。同理，将硬盘分成一个个的逻辑分区（表现为一个个的逻辑盘符）有很多优点，归纳起来有以下九个优点。

（1）便于硬盘的规划、文件的管理。不同类型、不同用途的文件可以分别存放在硬盘分区后形成的逻辑盘中。针对多部门、多人员共用一台计算机的情况，也可以将不同部门、不同人员的文件，放置在不同的逻辑盘中，以利于分类管理，互不干扰。避免了用户误操作（误执行格式化命令、删除命令等）造成整个硬盘数据全部丢失。

（2）有利于病毒的防治和数据的安全。硬盘多分区、多逻辑盘的结构，更有利于对病毒的预防和清除。对装有重要文件的逻辑盘，可以用工具软件设为只读，以减少文件型病毒感染的概率。即使病毒造成系统瘫痪，由于某些病毒只攻击C盘，也可以保护其他逻辑盘的文件，从而把损失降到最低。在计算机的使用中，系统盘（通常是C盘）因各种故障而导致系统瘫痪的现象是常有的，这时就要对C盘进行格式化操作，如果C盘上只装有系统文件，而所有的用户数据文件（文本文件、表格和源程序清单等）都放在其他分区和逻辑盘上，这样即使格式化C盘也不会造成太大损失，最多是重新安装系统，数据文件可得到完全保护。

（3）有效地利用磁盘空间。DOS以簇为单位为文件分配空间，而簇的大小与分区大小密切相关，所以划分不同大小的分区和逻辑盘，可减少磁盘空间的浪费。

（4）提高系统运行效率。系统管理硬盘时，如果对应的是一个单一的大容量硬盘，无论是查找数据，还是运行程序，其运行效率都没有分区后的效率高。

（5）便于为不同的用户分配不同的权限。在多用户、多任务操作系统下，可以为不同的用户指定不同的权限，放置在不同的逻辑盘，比在同一逻辑盘的不同文件夹内的效果更好。

（6）整理硬盘时，更能体会到分区的好处。

（7）镜像磁盘分区时，必须在不同的分区之间进行操作。

（8）安装多个操作系统，若需要使用不同类型的文件系统时，也只能在不同的分区上实现。

（9）逻辑盘比较小，文件性能就好，查杀病毒的速度也会快得多。

2. 为什么要对硬盘进行格式化

因为各种操作系统都必须按照一定的方式来管理磁盘，而只有格式化才能使磁盘的结构被操作系统认识。

磁盘的格式化分为物理格式化和逻辑格式化。物理格式化又称为低级格式化，是对磁盘的物理表面进行处理，在磁盘上建立标准的磁盘记录格式，划分为磁道（track）和扇区（sector）。逻辑格式化又称为高级格式化，是在磁盘上建立一个系统存储区域，包括引导记录区、文件目录区（FCT）、文件分配表（FAT）。

常用的格式化方法是采用DOS的FORMAT命令，通过FORMAT命令对软盘进行物理格式化和逻辑格式化，对硬盘一般只做逻辑格式化。硬盘的物理格式化已经在出厂前完成，用户若再想对硬盘进行物理格式化，可采用DOS的LOWFORMAT、HDFMT等硬盘格式化子程序或用硬盘管理软件DM等进行。

对磁盘进行格式化时可以完成很多功能：在磁盘上确定接收信息的磁道和扇区，记录专用信息，如磁道标志（每个磁道一个）、扇区标志（每个扇区一个）和保证所记录的信息是准确的CRC位（循环冗余校验）。

在格式化过程中，还能对有缺陷的磁道添加保留记号，以防止将其分配给数据文件，并在磁盘上建立三个区域，即引导记录区、FAT区和FCT区，这些区域不能用来存储信息，所以会使用户所用的磁盘空间减少。

以360KB软盘为例，其格式化如下。

① 磁道：共80道，每面为40道，编号为0～39道。

② 磁头：每面1个，编号0头，1头。

③ 扇区：每道9个扇区。

④ 分配单元：1个扇区（512K字节）为1簇。

引导记录区位于0道0头的第1扇区，主要用于向操作系统提供磁盘的参数，所包括信息如下：①格式化时采用的DOS版本号；②每个扇区的字节数；③每簇扇区数；④有几个文件分配表；⑤允许的目录个数；⑥磁盘上共有多少扇区。如果采用SYS传递系统时，其格式化软盘所用的DOS系统同安装的DOS系统不是同一个厂家或版本的DOS时,可能出现错误提示，因为用SYS传递系统文件时，需要检查厂家与版本号。最简单的解决方法是重新格式化软盘，并带"/S"参数。

FCT：指文件目录区，用来存放文件系统的目录。由于相关内容介绍较多，这里不再赘述。

FAT：指文件分配表。它表明所有文件在磁盘上的分布情况，被DOS系统用来为文件分配和释放磁盘空间，磁盘文件的存储是以簇（Cluster）为单位的，如360KB软盘是以1个扇区为1簇（512字节），在磁盘上文件并不是连续存储的，而是由FAT表来保存文件存放顺序簇号的。每个文件的目录项中都有一个起始簇号，可指出该文件前512字节所在的位置，如果文件大于512字节则要进入FAT。

实质上，FAT是由一串"簇号"组成的，由目录项的起始簇号指出该文件在FAT中的第1个簇号，并在这个簇号单元里，记载的是该文件下一簇的簇号，以此类推直至该文件的最后一个簇号。这样就可通过"簇号链"将文件的存储空间链接在一起。

DOS系统有了FAT就能有效地管理磁盘空间。当需要存储一个新文件时，DOS系统先会扫描磁盘空间的FAT，跳过所有已分配的簇找到第1个可用簇。作为该文件的起始簇号，而将该簇的内容存放到下一个可用簇的簇号中，这样将依次找到的可用簇分配给该文件，直到满足文件长度为止，在最后一个可用簇的内容上填上FF*FFF中之一。反之，在读取一个文件时，需依次从目录项的起始簇号开始顺着簇号找出分配给该文件的所有簇号，直到最后一个簇号为止。

如果格式化成功，系统就会提供整个磁盘空间和可用空间的字节数。这样，用户就可以向磁盘上写入信息了。

任务二　安装操作系统

任务分析：

安装操作系统的方式多种多样，本书主要对流行的采用U盘做启动盘安装操作系统的方式进行讲解。通过U盘做启动盘进行安装操作系统分为3步：①制作U盘启动盘；②下载操作系统的镜像文件；③通过U盘启动盘启动计算机来安装操作系统。下面介绍这些步骤的具体实现。

4.5 操作系统概述

计算机操作系统是管理计算机硬件资源、控制其他程序运行并为用户与计算机之间提供交互操作界面的系统软件集合。操作系统是计算机系统的关键组成部分，完成管理与配置内存、决定系统资源供需的优先次序、控制输入/输出设备、操作网络与管理文件系统等基本任务。操作系统的种类很多，各种设备安装的操作系统各不相同，可以是手机的嵌入式操作系统，也可以是超级计算机的大型操作系统。流行的操作系统主要有 Android、UNIX、iOS、Linux、Mac OS X、Windows 等。对于多数企业和个人用户而言，主要使用的是 Windows 7 和 Windows 10 操作系统。

本书将以 Windows 10 为例，讲解利用一个 8GB 以上容量的 U 盘快捷地安装 Windows 10 操作系统的方法。

4.6 制作启动盘

制作 U 盘启动盘的软件有很多，本节以微 PE 软件为例进行讲解。微 PE 是一款用于 U 盘启动盘制作的工具，能够兼容市场上绝大多数的计算机，且操作简单。下面讲述制作 U 盘启动盘，以及安装系统的步骤。

首先需要到微 PE 官网选择适合的软件版本进行下载（http://www.wepe.com.cn/download.html），如图 4-2-1 所示。

图 4-2-1 下载微 PE 工具箱

微 PE V1.2 版本适合较老的机型（十年以上）；微 PE V2.0 是 UEFI 版本的加强版。

然后，将 U 盘插到计算机上（如果 U 盘中有重要资料一定要备份），将下载的微 PE 工具箱软件打开，用鼠标单击 U 盘的图标，如图 4-2-2 所示。

项目四　操作系统的安装

图 4-2-2　安装微 PE 到 U 盘（1）

（1）在"安装方法"下拉列表中选择"方案一：UEFI/Legacy 全能三分区方式（推荐）"选项，能够同时采用 UEFI/Legacy 方式启动，勾选"格式化"复选框，并在下拉列表中选择"exFAT"和"USB-HDD"选项，单击"立即安装进 U 盘"按钮，如图 4-2-3 所示。

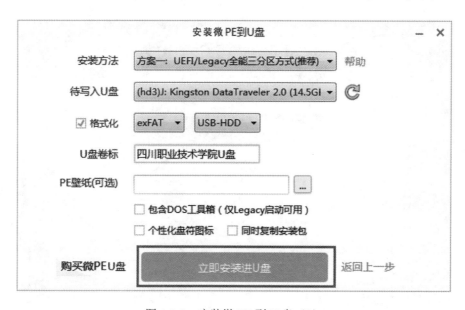

图 4-2-3　安装微 PE 到 U 盘（2）

（2）开始制作后，如图 4-2-4 所示。

121

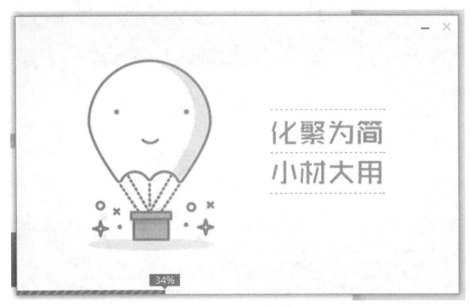

图 4-2-4　安装微 PE 到 U 盘（3）

（3）耐心等待制作完成后，U 盘就变成了可以安装系统的启动盘了，如图 4-2-5 所示。

图 4-2-5　安装微 PE 到 U 盘（4）

4.7　操作系统的安装方法

在安装操作系统之前，需要通过互联网下载一份操作系统后才能安装操作系统。关于操作系统的获取方式，可以通过微软官方渠道进行获取，也可以购买对应 Ghost 镜像进行备份（本书以 Windows 10 的安装为例）。

Windows10 操作
系统的安装

在进行操作系统安装之前，需要进行的准备工作如下。

（1）用微 PE 软件把 U 盘启动盘制作完成后，再把准备好的 Windows 10 镜像文件复制到 U 盘中（如果没有系统镜像的话，可以到 msdn.itelly.net 下载原版系统）。

（2）将系统镜像文件放入 U 盘后，将 U 盘插在需要重装的计算机上，并开机进入 PE 系统。

开机后快速按 BIOS 键（台式计算机的一般为"DEL"键；笔记本电脑的"BIOS"键一般为"F2"键，具体请查阅 4.2.1 节的相关内容）进入 BIOS 设置。

进入 BIOS 设置后，选择"BOOT"（启动）选项，然后在启动顺序中，将 U 盘或 U 盘名称的选项调整成第一个启动，保存后重启计算机即可自动进入 PE 系统。

下面以技嘉主板的台式计算机为例进行操作，以方便大家参考学习。

本次的 BIOS 设置为示范性教程，不同机型的 BIOS 设置方法也不尽相同。如需要其他主板型号 BIOS 设置 U 盘优先启动的方法可以通过客服进行咨询。

开机后按"DEL"键进入 BIOS 设置界面，在菜单中选择"BIOS Features""Hard Drive BBS priorities"选项，按"Enter"键进入，会出现硬盘、U 盘、网络启动等选项，将第一个启动修改为从 U 盘启动，按"F10"键保存并退出，就会自动重启计算机后进入 PE 系统，如图 4-2-6 所示。

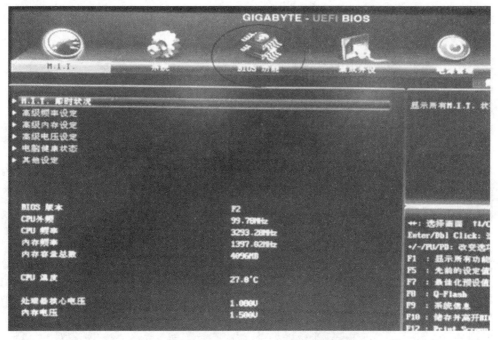

图 4-2-6　设置启动项（1）

注意在图 4-2-7 中"启动优先权　#1"是"P0：ST500 DM002-1BD142"的硬盘，按"Enter"键后，选择"SanDisk"的闪迪 U 盘，再按"Enter"键。

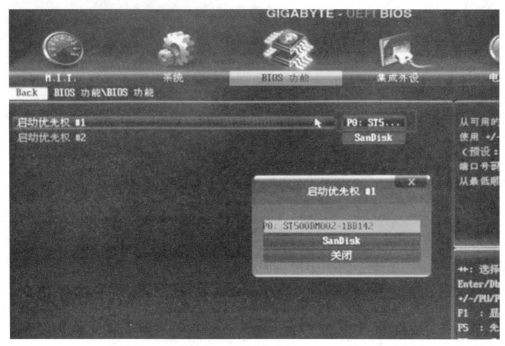

图 4-2-7　设置启动项（2）

图 4-2-8 中"启动优先权 #1"已经变成"SanDisk"的 U 盘了，如图 4-2-8 所示。

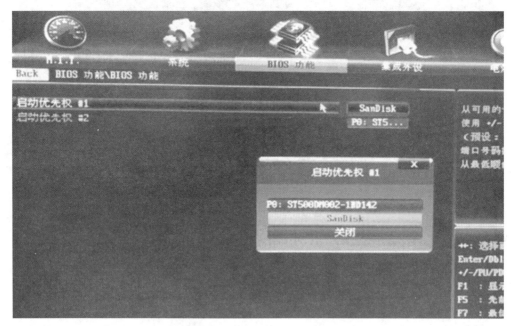

图 4-2-8　设置启动项（3）

然后，按"F10"键选择"是"选项，保存并重启计算机。重启后就会自动进入 PE 系统模式，如图 4-2-9 所示。

项目四　操作系统的安装

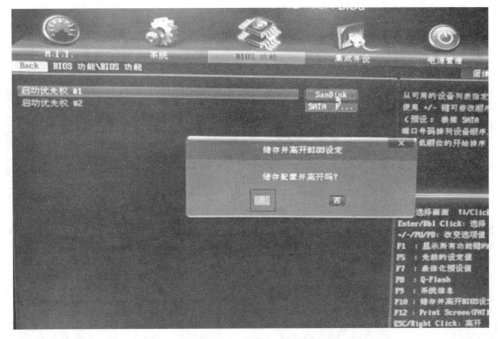

图 4-2-9　设置启动项（4）

进入 PE 系统模式后会跳出 PE 主菜单界面，选择第一个选项"微 PE 工具箱（10）64 位"选项，如图 4-2-10 所示。

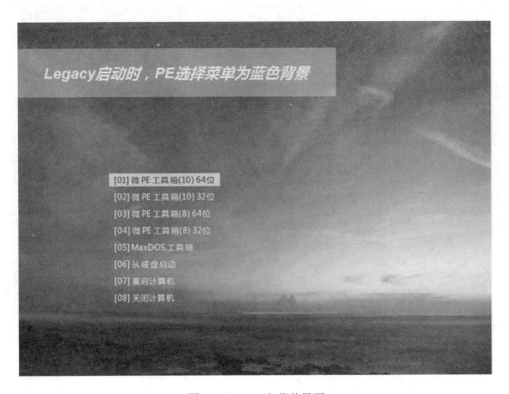

图 4-2-10　PE 主菜单界面

125

进入 PE 系统以后就可以开始安装系统了。

这里以安装 Windows 10 系统为例，打开 CGI 备份还原，找到你的 Windows 7 或 Windows 10 系统安装镜像，安装到 C 盘就可以了，如图 4-2-11 所示。

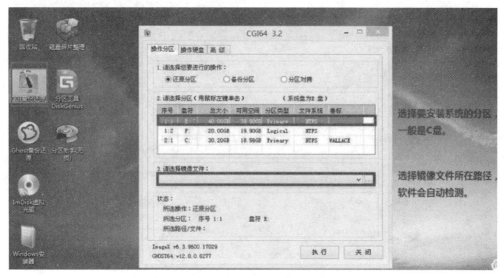

图 4-2-11　安装 Windows 10 镜像

然后，执行 Ghost 恢复过程，如图 4-2-12 所示。

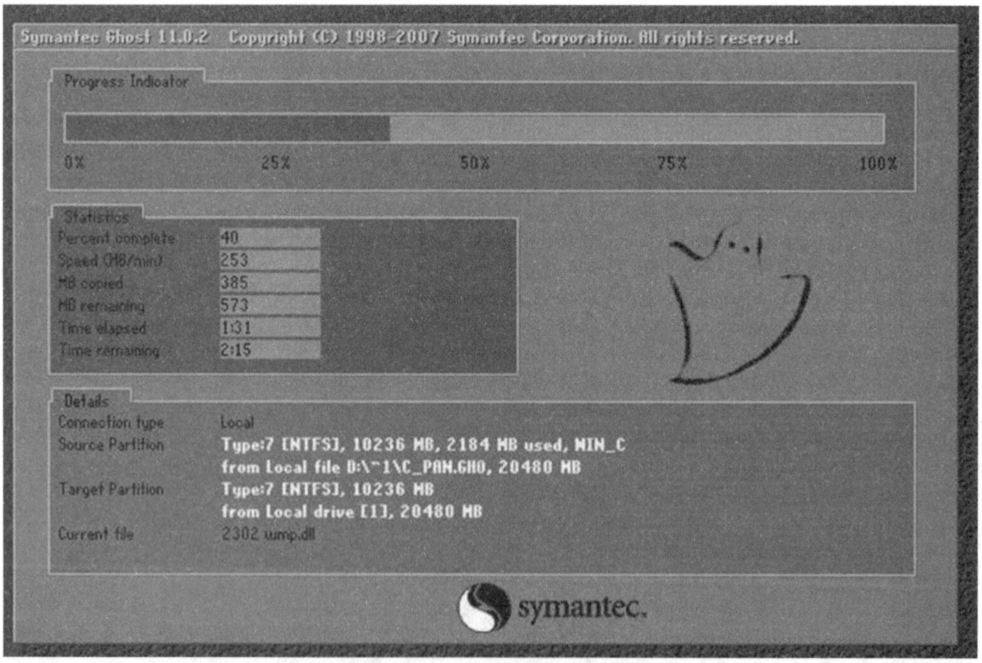

图 4-2-12　Ghost 恢复过程

恢复完成之后，重启计算机就可以进行 Windows 10 的继续安装，并在安装完成后进入桌面，如图 4-2-13 所示。

项目四　操作系统的安装

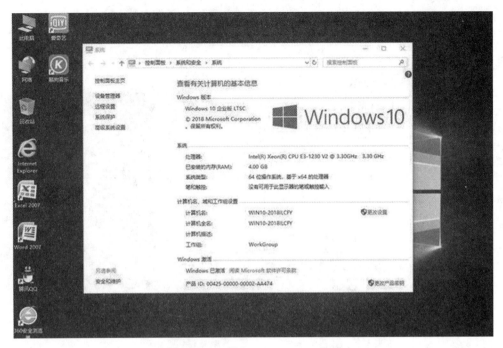

图 4-2-13　进入 Windows 10 界面

4.8　连接网络

安装好 Windows 10 系统后,还需要对网络进行设置才能上网,下面学习对 Windows 10 进行网络设置的内容。

要进入 Windows 10 的网络设置界面,需要进行如下 5 个步骤:右击网络图标→网络和 Internet 设置→更改适配器选项→以太网→属性,如图 4-2-14 所示,具体操作如下。

Windows10 操作系统网络设置

图 4-2-14　设置网络步骤（1）

单击图标按钮后选择"网络和 Internet 设置"选项进入如图 4-2-15 所示的界面。

图 4-2-15　设置网络步骤（2）

选择"更改适配器选项"选项后就可进入以太网设置界面了，右击"以太网"图标后选择"属性"选项，进入如图 4-2-16 所示的界面。

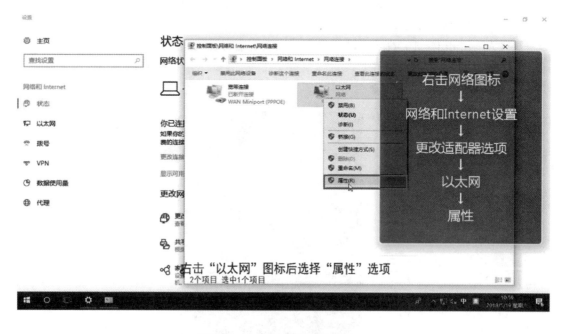

图 4-2-16　设置网络步骤（3）

在弹出的"以太网 属性"对话框中，选中"Internet 协议版本 4（TCP/IPv4）"复选框，如图 4-2-17 所示。

图 4-2-17　设置网络步骤（4）

在弹出的对话框中，选中"自动获得 IP 地址"和"自动获得 DNS 服务器地址"单选按钮即可，如图 4-2-18 所示。

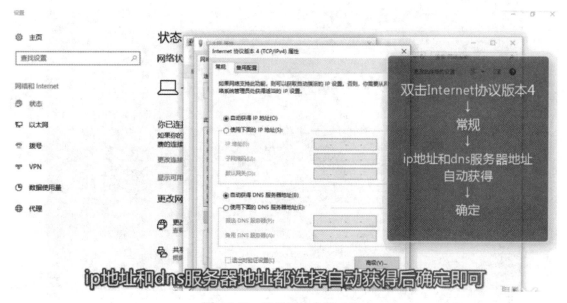

图 4-2-18　设置网络步骤（5）

任务三　操作系统的备份与还原

任务分析：

随着时代的发展，大多数计算机都能连接到互联网上。由于网络黑客和各种病毒充斥着互联网的生态圈，因此，安装操作系统后，为了防止计算机操作系统被破坏造成数据丢失，应该对操作系统进行镜像备份操作才算完成了整个系统的安装。下面讲解操作系统的备份与还原的具体方法。

4.9　操作系统的备份

使用 Ghost 备份还原系统，既方便又实用，如何用 Ghost 备份还原系统呢？

用微 PE 启动盘启动计算机并进入 PE 系统，双击桌面上的 Ghost 备份还原图标，选择"Local"→"Partition"→"To Image"选项，如图 4-3-1 所示。

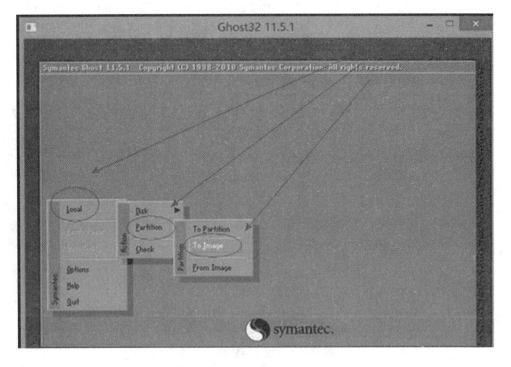

图 4-3-1　系统备份操作（1）

在弹出的窗口中，选择系统 C 所在的硬盘（注意不要选错了），如图 4-3-2 所示。

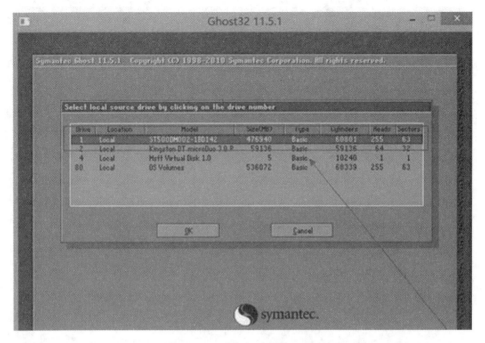

图 4-3-2　系统备份操作（2）

出现窗口后，选择系统盘 C，一般是最上面的盘符，如图 4-3-3 所示。

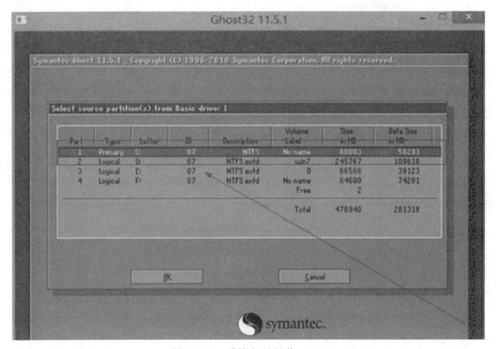

图 4-3-3　系统备份操作（3）

选择保存系统备份的驱动器盘符，本例选择 F 盘，如图 4-3-4 所示。

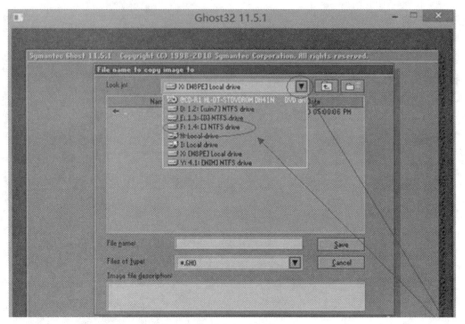

图 4-3-4　系统备份操作（4）

在"File name to copy image to"窗口中，输入保存备份文件的名称后，单击"Save"按钮，如图 4-3-5 所示。

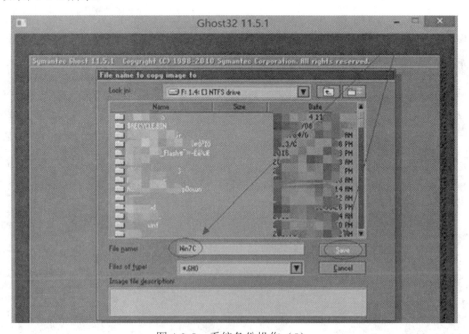

图 4-3-5　系统备份操作（5）

系统就开始备份了，等待备份完成即可。

4.10 操作系统的还原

根据前面的章节，我们使用已经制作好的"微 PE 启动盘"启动计算机，让计算机进入 PE 系统，然后双击桌面上的 Ghost 备份还原图标，选择"Local"→"Partition"→"From Image"选项，如图 4-3-6 所示。

系统备份与还原

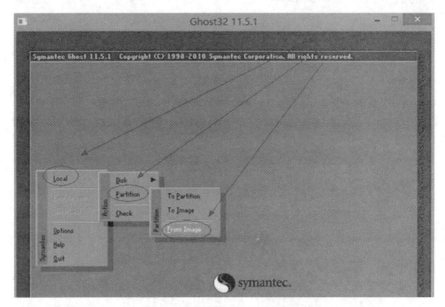

图 4-3-6 系统还原操作（1）

选择备份文件所在的磁盘目录，本例为 F 盘，如图 4-3-7 所示。

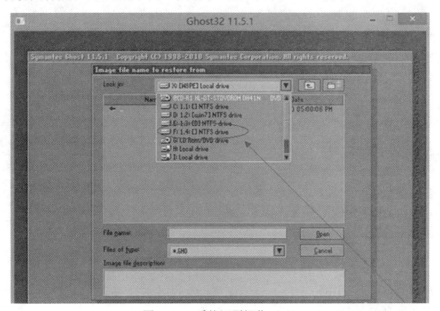

图 4-3-7 系统还原操作（2）

在磁盘目录中，选择要还原的备份文件后，单击"Open"按钮，如图 4-3-8 所示。

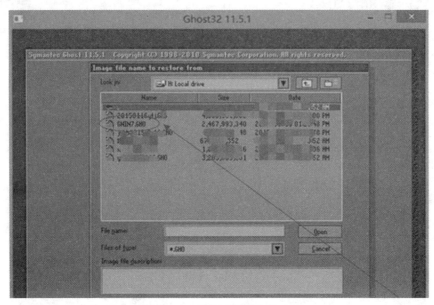

图 4-3-8　系统还原操作（3）

选择要还原的分区，按提示操作，即可完成系统的还原操作。

任务四　安装驱动程序

任务分析：

各种各样的计算机硬件设备扩展出了诸多功能，如为计算机添加一台打印机、添加一块显卡。要让这些硬件设备正常工作，还要为其添加"驱动程序"后才能正常运行。下面介绍进入驱动程序的操作方法。

4.11　驱动程序概述

成功安装操作系统后，如要为计算机添加某种硬件设备（如打印机），还需要为这个新添加的设备安装相应的"驱动程序"方可使用。那么什么是驱动程序呢？

安装驱动程序

4.11.1　驱动程序的定义

驱动程序（Device Driver）是一种使计算机和设备进行通信的特殊程序，相当于硬件的接口，操作系统只能通过这个接口才能控制硬件设备的工作，若某设备的驱动程序未能正确安装，则不能正常工作。因此，驱动程序在系统中所占的地位十分重要，当操作系统安装完毕后，首先就要进行硬件设备驱动程序的安装。大多数情况下如硬盘、显示器、光驱等则不需要安装驱动程序，而打印机、显卡、声卡、扫描仪、摄像头、Modem等设备就需要安装驱动程序。另外，不同版本的操作系统对硬件设备的支持也是不同的，版本越高所支持的硬件设备也就越多，如使用 Windows 10，U 盘的驱动程序就必须要单独安装了。

4.11.2 驱动程序的作用

驱动程序的本质就是软件代码，主要作用是在计算机系统与硬件设备之间完成数据传送的功能，只有借助驱动程序，两者才能通信并完成特定的功能。如果一个硬件设备没有驱动程序只有操作系统是不能发挥其特有功能的，也就是说，驱动程序是介于操作系统与硬件之间的媒介，可实现双向的传达，即将硬件设备本身具有的功能传达给操作系统，同时也将操作系统的标准指令传达给硬件设备，从而实现两者的无缝连接。

从理论上讲，所有的硬件设备都需要安装相应的驱动程序才能正常工作。但像 CPU、内存、主板、软驱、键盘、显示器等设备却并不需要安装驱动程序也可以正常工作，这是为什么呢？

由于这些设备对于计算机来说是必需的，所以早期的设计人员便将这些设备列为 BIOS 能直接支持的。也就是说，上述硬件在安装后，就可以被 BIOS 和操作系统直接支持，不再需要安装驱动程序。从这个角度来说，BIOS 也是一种驱动程序。但是对于其他的硬件，如网卡、声卡、显卡等却必须要安装驱动程序，不然这些硬件就无法正常工作。当然，也并非所有的驱动程序都是对实际硬件进行操作的，如 Android 中的有些驱动程序只提供辅助操作系统的功能。

4.12 驱动程序的安装方法

4.12.1 驱动程序的安装步骤

驱动程序安装的一般顺序：主板芯片组（Chipset）→显卡（VGA）→声卡（Audio）→网卡（LAN）→无线网卡（Wireless LAN）→红外线（IR）→触控板（Touchpad）→PCMCIA 控制器（PCMCIA）→读卡器（Flash Media Reader）→调制解调器（Modem）→其他（如电视卡、CDMA 上网适配器等），若不按顺序安装可能会导致某些软件安装失败。

（1）安装操作系统的 Service Pack（SP）补丁。由于驱动程序直接面对的是操作系统与硬件，所以应该先用 SP 补丁解决操作系统的兼容性问题，才能确保操作系统和驱动程序的无缝结合。

（2）安装主板驱动。主板驱动主要用来开启主板芯片组的内置功能及特性，主板驱动里一般是主板识别和管理硬盘的 IDE 驱动程序或补丁，如 Intel 芯片组的 INF 驱动和 VIA 的 4in1 补丁等。如果还包含有 AGP 补丁的话，一定要先安装完 IDE 驱动再安装 AGP 补丁，这一步很重要，它也是造成系统不稳定的直接原因。

（3）安装 DirectX 驱动。这里推荐安装最新版本 DirectX 9.0C。可能有些用户会认为，"我的显卡并不支持 DirectX 9，没有必要安装 DirectX 9.0C"，其实这是个错误的认识，把

DirectX 等同为了 Direct 3D。DirectX 是嵌在操作系统上的应用程序接口(API)，它由显示、声音、输入和网络四大部分组成，其中显示部分又分为 Direct Draw（负责 2D 加速）和 Direct 3D（负责 3D 加速），所以说 Direct 3D 只是其中的一小部分而已。而 DirectX 9.0C 不仅改善了显示部分，也能给声音部分（DirectSound）带来更好的声效；输入部分（Direct Input）可支持更多的游戏输入设备，可使其充分发挥出最佳状态和全部功能；网络部分（DirectPlay）可增强计算机的网络连接，以提供更多的连接方式。只是因为 DirectX 9.0C 在显示部分的改进比较大，也更引人关注，才忽略了其他部分的功劳，所以安装 DirectX 9.0C 的意义并不仅指显示部分。当然，有兼容性问题就另当别论了。

（4）安装显卡、声卡、网卡、调制解调器等插在主板上的板卡类驱动。

（5）安装打印机、扫描仪、读写机等外设驱动。

上述安装顺序可使系统文件合理搭配，协同工作，充分发挥系统的整体性能。

另外，显示器、键盘和鼠标等设备也是有专门驱动程序的，特别是一些品牌比较好的产品。虽然不用安装它们也可以被系统正确识别并使用，但是安装驱动程序后，能增加一些额外的功能，并可提高稳定性和性能。

4.12.2 使用工具安装驱动程序

手动安装驱动程序是一件比较复杂而枯燥的工作。但是通过利用各种软件工具来进行安装（如驱动精灵、360 驱动大师等）就比较简单和高效了。

在 360 官方网站下载"360 驱动大师"后就可以安装驱动程序了，具体方法如下。

（1）打开"360 驱动大师"就会自动进行扫描，如果计算机的硬件有未安装的驱动，便会出现在修复栏中，如图 4-4-1 所示。

图 4-4-1 "360 驱动大师"主界面

（2）单击"一键安装"按钮，就可以快速安装驱动程序了。此时，"360驱动大师"会一边下载一边自动安装驱动。如果有没法自动安装的驱动，则会自动弹出安装界面，需要进行手动安装，如图4-4-2所示。

图 4-4-2　"360 驱动大师"修复界面

项目小结

通过对本项目的学习，首先了解计算机 BIOS 的相关概念和基本操作。计算机硬盘的分区与格式化利用 U 盘制作系统启动盘，用这个 U 盘启动盘安装 Windows 10 操作系统，最后还学习了利用 Ghost 对系统进行备份和还原。

思考与练习

1. 如何把计算机设定为 U 盘启动？
2. 如何将计算机的硬盘分为 4 个盘，分别为 C 盘、D 盘、E 盘、F 盘，其中将 C 盘设为系统盘？
3. 如何利用"微 PE 软件工具"制作一个 U 盘启动盘？

4. 如何用 U 盘启动盘安装 Windows 10 操作系统？

5. 如何备份 Windows 10 的操作系统？

6. 如何安装驱动程序？

实　训

请将"BIOS 的设置""硬盘分区""制作 U 盘启动盘""安装 Windows 10 操作系统""备份系统"和"安装驱动"等步骤完整地实现一遍。

项目五

计算机操作系统的优化

♻ 项目导入：

操作系统安装之后，伴随而来的是操作系统的臃肿和运行速度缓慢的问题，如何才能让系统能拥有更快的运行速度呢？如何让系统在不更新硬件的情况下优化现有配置，以提高运行速度？如何干净地删除各种恶意软件？如何备份计算机上重要的数据以免遭损失呢？本项目将对操作系统的优化进行讲解。

♻ 学习目标：

1. 了解恶意软件的表现形式和系统漏洞给计算机带来的危害。
2. 掌握常用的系统维护软件功能对计算机的保护和优化。
3. 掌握安全下载软件和干净地删除软件的方法。
4. 熟悉备份数据的各种方式。

任务一　系统维护

任务分析：

随着操作系统的使用，计算机会造成系统文件的丢失、冗余等现象、开机启动项会增多、恶意软件占用系统资源、造成启动时间过长，以及计算机运行速度的减缓。熟练使用"360安全卫士"常用功能，了解火绒安全软件的使用技巧。

5.1　使用"360安全卫士"对计算机进行维护和优化

360安全卫士的
安装与配置

5.1.1　"360安全卫士"的概况

1. 基本简介

"360安全卫士"是360旗下一款非常优秀的作品，具有查杀木马、清理恶意插件、保护隐私、免费杀毒、修复系统漏洞和管理应用等功能。

2. 软件特色

"360安全卫士"具有全新设计的简洁界面，提供计算机体检、查杀木马、计算机清理、优化加速四大核心功能，使用起来既轻松又便捷。

5.1.2　"360安全卫士"的使用

1. 查杀流行木马

定期查杀木马可以有效地保护各种系统账户的安全。在360安全卫士中可以进行系统区域位置快速扫描、全盘完整扫描和自定义区域扫描。

开始扫描，选择需要的扫描方式，单击"开始扫描"按钮即可按照选择的扫描方式进行木马扫描，如图5-1-1所示。

2. 清理恶意软件和不良插件

恶意软件是指对破坏系统正常运行的软件统称，其表现形式包括强行安装、无法卸载、安装以后修改主页且锁定、安装以后随时自动弹出恶意广告、自我复制代码并像病毒一样拖慢系统速度。

插件是指会随着IE浏览器启动自动执行的程序，根据插件在浏览器中的加载位置，可以分为工具条（Toolbar）、浏览器辅助（BHO）、搜索挂接（URL SEARCHHOOK）等类型。

插件程序能够帮助用户方便浏览互联网或调用上网辅助功能，但也有部分程序被人称为广告软件（Adware）或间谍软件（Spyware）。此类恶意插件程序监视用户的上网行为，并把所记录的数据报告给插件程序的创建者，以达到投放广告、盗取游戏或银行账号密码等非法目的。

图 5-1-1　扫描方式

因为插件程序是由不同发行商发行的，其技术水平也良莠不齐，插件程序很可能与其他运行中的程序发生冲突，从而导致出现如各种页面错误、运行时间错误等现象，阻塞了网页的正常浏览。这时就应立即进行清理，其操作步骤如下：

（1）勾选要清除的插件，选择"清理插件"选项，执行清除；

（2）勾选我们信任的插件，选择"信任"选项，添加到"已信任插件"中；

（3）选择"重新扫描"选项，将重新扫描系统，检查插件情况，如图 5-1-2 所示。

图 5-1-2　清理插件

3. 管理应用软件

利用管理应用软件使用"306 安全卫士"卸载计算机中不常用的软件，用以节省磁盘空间，提高系统运行速度。选中要卸载的不常用软件，选择"软件卸载"选项，软件被立即卸载。选择"重新扫描"选项，将重新扫描电脑，检查软件情况，如图 5-1-3 所示。

图 5-1-3　管理应用软件

4. 修复系统漏洞

"360 安全卫士"的漏洞补丁均是由微软官方提供的。如果系统漏洞较多则容易招致病毒攻击，及时修复漏洞可以保证系统安全，如图 5-1-4 所示。

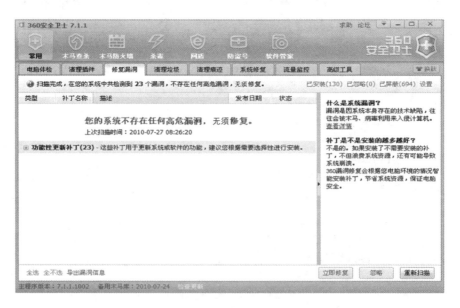

图 5-1-4　扫描系统漏洞

> 温馨提示
>
> 安装"360安全卫士"后建议首先扫描系统漏洞。

5．系统修复

我们可以使用"306安全卫士"一键修复系统的诸多问题，使系统迅速恢复到"健康状态"。选中要修复的项，单击"一键修复"按钮，如图5-1-5所示。

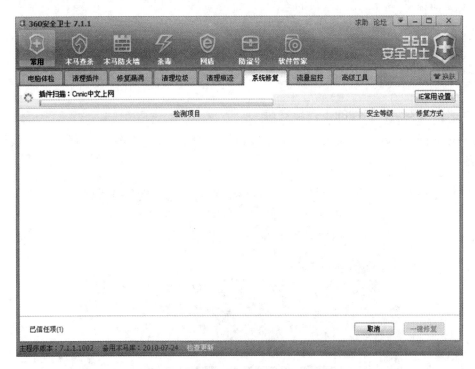

图5-1-5　修复系统

5.2 使用"火绒安全"软件对系统进行维护和优化

火绒软件评测

5.2.1 "火绒安全"软件的概述

1．基本简介

"火绒安全"软件是一款免费的计算机防御及杀毒类安全软件。它可以增强对病毒的防御能力，高效拦截各种病毒。"火绒安全"软件能够阻止流氓软件的捆绑安装、浏览器劫持、首页劫持等恶意行为，保持系统干净清爽。

2. 软件特色

（1）查杀攻守兼备

在查杀已知病毒、木马的同时，还可以防御新病毒、新木马的侵害。

（2）火绒无声防护

极少有安全提示，不推送无关消息，主动防御威胁，且不打扰用户的正常使用。

（3）Word 文件洗白

Word 文件被病毒感染就不能只是删除文件了。"火绒安全"软件可以全面分析感染病毒的文件，尽可能地将病毒与原始文件进行分离，在清除病毒的同时保留 Word 文档原件，可最大程度地保护 Word 文档资料的安全。

（4）资源占用率低

几乎不占用系统资源，体积小巧，特别适合使用笔记本电脑的用户。

5.2.2 "火绒安全"软件的使用

1. "火绒安全"软件的下载与安装

（1）在 https://www.huorong.cn/ 中下载最新版的"火绒安全"软件安装包，并双击运行，如图 5-1-6 所示。

图 5-1-6 安装"火绒安全"软件

（2）单击"极速安装"或者"更改安装目录"按钮。单击"极速安装"按钮，软件将安装在默认的位置中；单击"更改安装目录"按钮，用户可以自定义软件的安装位置，如图 5-1-7 所示。

项目五　计算机操作系统的优化

图 5-1-7　安装"火绒安全"软件的路径

（3）设置后，单击"极速安装"按钮，耐心等待软件安装完成，如图 5-1-8 所示。

图 5-1-8　安装完成

2. 定期对"病毒软件"进行更新

由于新的病毒、木马，以及其他风险软件每天都会出现新变种，所以要定期更新病毒库来保护计算机完整性信息，以及搜索和删除计算机上有害的对象。"火绒安全"软件的病毒库不仅能增加新的威胁记录，还提供了处理它们的方法，如图 5-1-9 所示。

145

图 5-1-9　更新到最新版本

3. 定时杀毒

如果经常使用计算机，建议一周杀毒一次。如果不经常使用计算机，建议可一个月杀毒一次。"火绒安全"软件提供了三种杀毒模式，如图 5-1-10 所示。

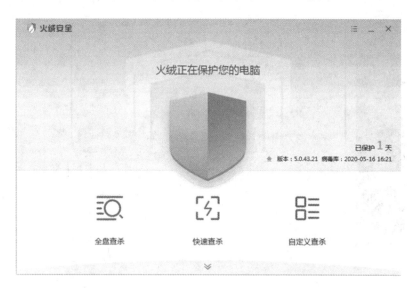

图 5-1-10　"火绒安全"软件的三种杀毒模式

4. 设置防护中心

"火绒安全"软件的防护中心有病毒防御、网络防御、系统防御三个部分，建议全部开启，如图 5-1-11 所示。

项目五　计算机操作系统的优化

图 5-1-11　设置防护中心

5. 设置上网时段控制

如果想要控制上网时段，则可以选择"上网时段控制"栏，用鼠标双击就可在任意时间段阻止上网；再次双击则允许上网，如图 5-1-12 所示。

图 5-1-12　上网时段控制

6. U 盘使用控制

对于个人用户而言，U 盘使用控制可防止其他人用带病毒的 U 盘或者移动硬盘对计算机造成伤害，如图 5-1-13 所示。

图 5-1-13　U 盘使用控制

任务二　软件的下载与卸载

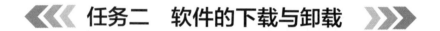

在使用计算机的过程中，需要使用多种软件提供的相关功能。网络是获取各种软件的主要方式，所以需要详细了解不同的网络下载方式，以及使用各种下载工具。掌握安全、干净地删除软件的方式，并能熟练地使用第三方工具进行删除。

5.3　软件下载

5.3.1　使用浏览器下载

这是许多上网初学者常使用的方式，它的操作简单方便，在浏览过程中，只要单击想下载的文件的链接（一般是.zip、.exe 类型的文件），浏览器就会自动启动下载，只要给下载的文件找个存放路径即可正常下载了。若要保存图片，只要右击该图片，选择"图片另存为"即可。

这种方式的下载虽然简单，但其缺点就是不能限制速度、不支持断点续传，如图 5-2-1 所示。

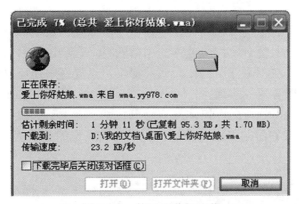

图 5-2-1　使用浏览器下载

5.3.2　使用专业软件下载

专业软件采用文件分切技术，就是把一个文件分成若干份，并同时进行下载，这样下载软件时下载的速度就快多了。更重要的是，当下载出现故障断开后，下次仍可以在断开的地方继续下载（断点续传）。下载可以根据不同的分类方式进行分类。

1. 按下载线程分类

（1）单线程下载

线程可以理解为下载的通道，一个线程就是一个文件的下载通道，多线程也就是同时开启好几个下载通道。当服务器提供下载服务时，使用下载服务的用户是可以共享带宽的，在优先级相同的情况下，总服务器会对总下载线程进行平均分配。如果线程越多的话，那下载的速度越快，现在流行的下载软件都可支持多线程。

如果下载文件时，选择"另存为"选项下载，这个就是单程下载。

注意：实现多线程的条件是服务器支持单一 IP 多线程下载，如果不支持的话，很有可能封 IP 或者只有一个线程能连接成功，多余线程则被屏蔽。部分软件可提供"用代理下载"方式，这种方式不会封 IP。

（2）多线程下载

通常服务器同时与多个用户连接，用户之间共享带宽。如果有 N 个用户的优先级都相同，那么每个用户连接到该服务器上的实际带宽就是服务器带宽的 N 分之一。可以想象，如果用户数目较多，则每个用户只能占有很少的一点带宽，下载将会是个漫长的过程。

如果通过多个线程同时与服务器连接，那么就可以争取到较大的带宽了。当同时打开的线程越多，所获取的带宽就会越大，下载使用的时间就会越少。

2. 按下载方式分类

（1）PUB 下载

在互联网上有很多的 ftp 服务器是可以匿名登录的，那么在能匿名登录的 ftp 服务器中，有些是管理员特意打开提供公众下载服务的，而有些是由于管理员疏忽而忘记关闭匿名登录服务的，这些 ftp 服务器有些可以进行读/取数据，甚至进行写操作。这些匿名登录的 ftp 服务器统称为 PUB。

（2）迅雷远程下载

迅雷远程下载使用的多资源超线程技术基于网格原理，它能够将网络上存在的服务器和计算机资源进行有效的整合，构成独特的迅雷网络，通过迅雷网络各种数据文件能够以最快的速度进行传递。在不降低用户体验的前提下，迅雷网络还可以对服务器资源进行均衡分配，能有效降低服务器的负载。

迅雷远程下载还具有独特的多媒体搜索引擎技术，能把整个服务器端的文件整合到一起，实现同时从多个服务器端下载文件，为提供稳定高速的下载提供了保障，如图 5-2-2 所示。

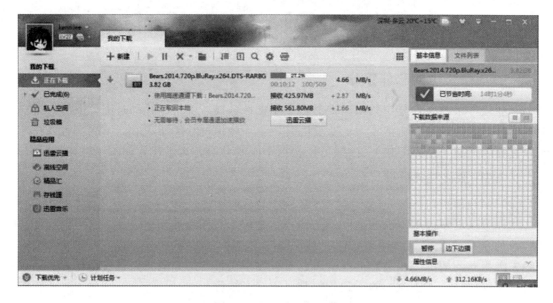

图 5-2-2　迅雷远程下载

（3）离线下载

离线下载是指利用服务器"替"计算机下载的方式，其具备高速、不用挂机的优点而颇受欢迎。

如果要下载一些电影或者游戏资源，往往要长时间挂机，这样不仅浪费时间还会消耗大量的宽带。离线下载就是使用下载工具的服务器代替用户，先行进行下载，多用于冷门资源。如用户的正常下载最大速度能达到每秒几兆，由于某个资源是冷门资源，下载速度只能达到每秒几十 KB，用户就得花费大量的时间；如果用户使用离线下载技术，就可以让服务商的服务器代替用户下载，用户关闭下载工具或者计算机，可以节约大量的时间。等到离线下载完成后，用户再从下载工具的服务器以几兆（理论上会员等级越高越快，但最高速度仍然受限制于本身的宽带）的速度下载到自己的计算机上。即使对于热门资源，离线下载也能省却许多挂机等待的时间，最重要的是能够腾出网络宽带做其他的事情，如图 5-2-3 所示。

图 5-2-3　离线下载

（4）BT 下载

说到下载技术就不能不提 BT，这个被人戏称为"变态"的词几乎与 P2P 形成了对等的一组概念，而它也将 P2P 技术发展到了近乎完美的地步。

实际上 BitTorrent（BT 比特流）原先是指一个多点下载的 P2P 软件。它是 P2P 中最为成功的一个应用，对 BT 最为形象的解释就是"我为人人，人人为我。"

根据 Bit 协议，文件发布者会根据要发布的文件生成一个.torrent 文件，即种子文件（种子）。

下载者要下载文件内容时，需要先得到相应的.torrent 文件，然后再使用 BT 客户端软件进行下载，如图 5-2-4 所示。

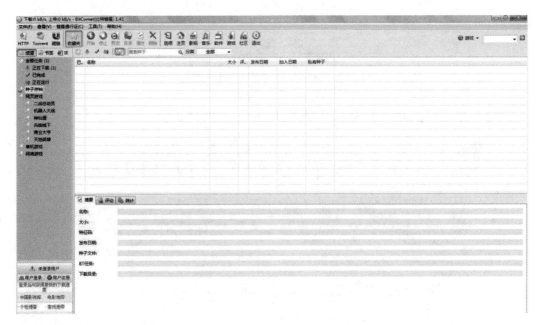

图 5-2-4　著名的 BT 下载软件

· 温馨提示 ·

由于下载的方式多种多样，使用时应根据下载文件的大小或者下载方式来选择具体的下载工具。

5.4 软件卸载

5.4.1 通过控制面板卸载

在控制面板的"卸载或更改程序"中,可以看到计算机的安装程序,并找到需要卸载的软件,确认删除即可,如图 5-2-5 所示。

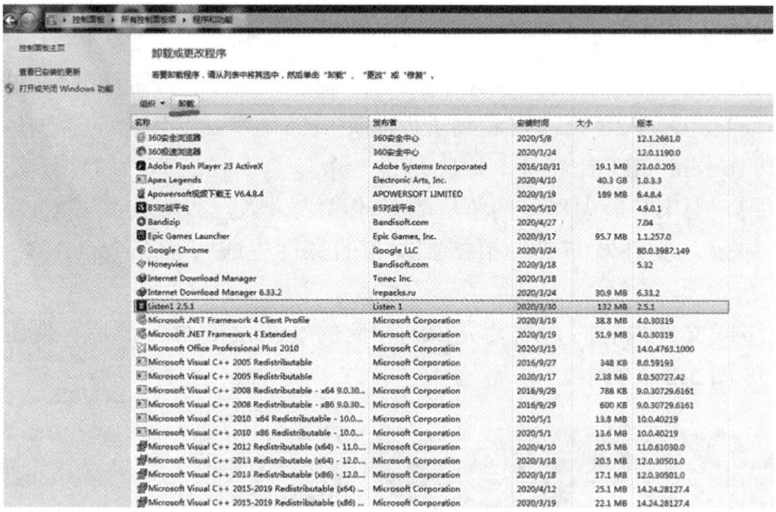

图 5-2-5 "卸载或更改程序"界面

5.4.2 通过"360 软件管家"或其他第三方软件卸载

打开"360 软件管家"界面,选择"软件卸载"选项,勾选要卸载的软件后单击"卸载"按钮,卸载完成后,再清除该软件的注册表信息,即可彻底地删除,如图 5-2-6 所示。

图 5-2-6 使用"360 软件管家"卸载软件

5.4.3 进入文件夹找到 Uninstall

在安装软件的目录下能找到这个 Uninstall.exe 文件，选中文件并双击，确认后将其卸载；但不是所有的软件卸载程序都是 Uninstall，有的是"名称+Uninst"或"名称+Uninstall"，如图 5-2-7 所示。

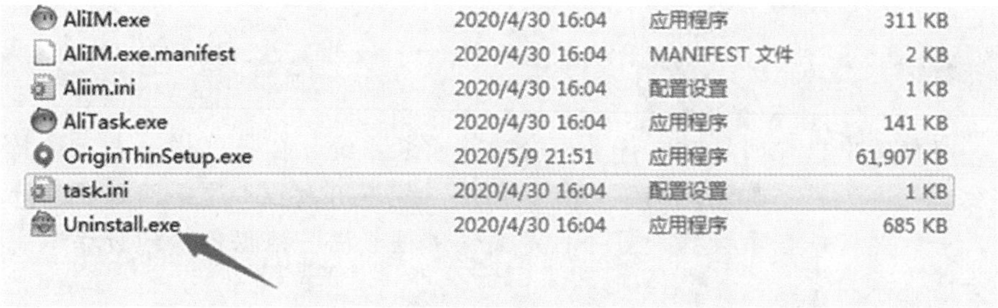

图 5-2-7 使用软件自带的卸载程序

5.4.4 直接在"开始"程序中卸载

有些软件如飞信、安全卫士、腾讯 QQ，都可以在"开始"程序中卸载，单击 Windows "开始"按钮，选择所需要卸载的程序即可，如图 5-2-8 所示。

图 5-2-8 在"开始"菜单中删除软件

> **温馨提示**
>
> 卸载应用软件或者相关应用程序前请一定要考虑清楚，因为卸载的过程是不可逆的。

任务三　个人数据备份

任务分析：

在计算机使用中出现问题时，许多人会选择重装系统，但是这样一来，计算机中的文件可能都会丢失。如果平时能定期做好数据备份，就不用太担心这个问题了。计算机的数据有两种，一种是软件程序数据，另一种是文件文档数据。根据备份的数据不一样，使用的工具和方法也不同。

5.5　本地备份

在 Windows 10 系统中，计算机就有本地备份功能。

选择桌面左下角的 Windows 10 图标，按鼠标右键，在弹出的快捷菜单中选择"控制面板"选项，打开"控制面板主页"窗口，如图 5-3-1 所示。

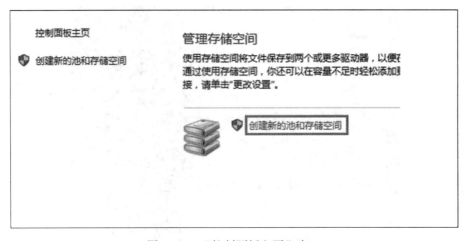

图 5-3-1　"控制面板主页"窗口

选择"管理存储空间"的"创建新的池和存储空间"选项，浏览计算机各个盘的情况，选择一个作为创建存储池的驱动器；指定驱动器名称和驱动器号，选择一种布局；指定存储空间大小，选择"存储空间"选项，如图 5-3-2 所示。

完成了这些操作之后，等待计算机自己备份完成。这个过程可能会比较久，建议在空闲时间进行。

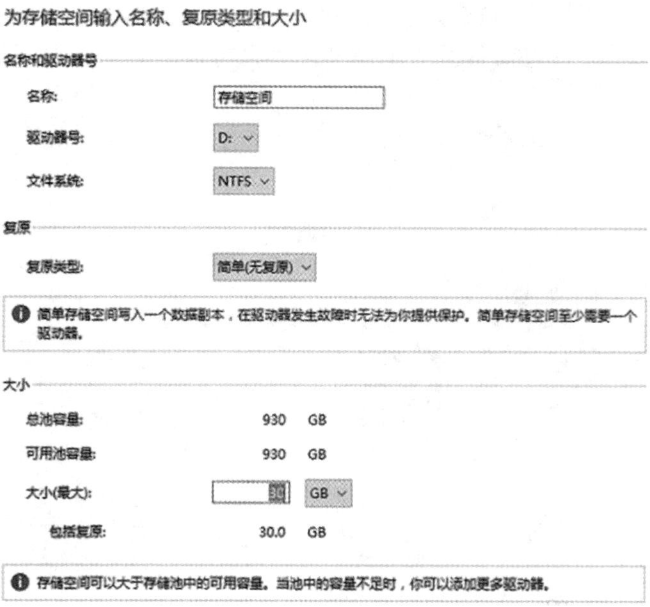

图 5-3-2　创建存储空间

5.6　网盘备份

网盘备份主要是对计算机中的文件文档数据做一个备份，以百度网盘为例，简单介绍如何备份文件和数据。

在计算机上安装"百度网盘"后，启动并登录自己的账号。用手机下载"百度网盘"的 APP，完成账号登录后，"百度网盘"就会免费提供 1TB 的空间。登录账号并领完空间后，选择"我的网盘"的"上传"选项，浏览文件并选择后进行传输，这里也可以选择上传文件夹，但是单个文件夹中的文件不可以超过 5000 个，如图 5-3-3 所示。

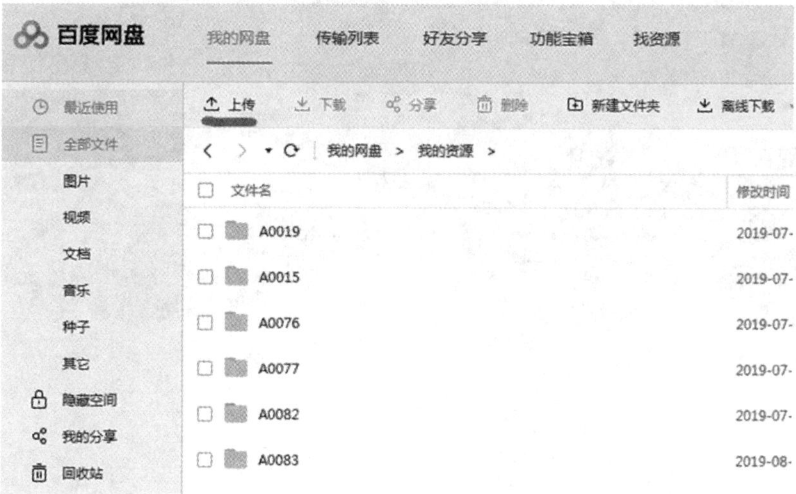

图 5-3-3　使用"百度网盘"备份

如果购买了"百度网盘"的会员，还可以使用"自动备份"功能。选择"功能宝箱"的"自动备份"选项，设置要备份的本地文件夹就可自动完成备份，如图 5-3-4 所示。

图 5-3-4　自动备份本地文件

5.7　移动存储备份

使用移动硬盘备份文件或文档数据也是一个好方法，准备好移动硬盘后，用其配套的 USB 3.0 线和计算机连接起来，当计算机识别到这个硬盘后，再去本地找到要备份的文件和文件夹，把它们发送到移动硬盘上，如图 5-3-5 和图 5-3-6 所示。

图 5-3-5　移动硬盘与计算机连接

项目五 计算机操作系统的优化

图 5-3-6 把备份文件发送到移动硬盘

• 温馨提示 •

对于重要的个人数据一定要做好备份工作，可以选择使用本地备份和网盘备份双保险。

项目小结

操作系统优化是指尽可能减少计算机执行的进程，更改工作模式，删除不必要的中断代码让机器运行更有效，优化文件位置可使数据读写更快，空出更多的系统资源供用户支配，以及减少不必要的系统加载项及自启动项。安全的下载各种应用软件和干净彻底地删除不必要的软件，随时让计算机保持最佳状态。

思考与练习

1. 比较一下"360安全卫士"和"火绒安全"这两个软件，谈一谈它们各有什么突出的优点。
2. 比较迅雷远程下载和BT下载的不同，谈一谈这两种下载方式各自适合什么情况。
3. 某些恶意软件会出现删除不干净、留有残余文件的情况，应该怎么做呢？谈谈你的想法。
4. 根据自身情况，谈一谈哪种备份方式更适合你，并说明理由。

实　　训

对于办公使用的计算机和家庭使用的计算机，它们在安装安全防护软件上各有什么侧重点？性能优化有什么不同？软件的安装和下载有什么区别？对于个人数据的备份要求是否一样？

项目六

常见故障检测与处理

🔄 项目导入：

在日常生活、工作和学习中会遇到计算机硬件或软件引起的一些故障，如果不懂如何检测及处理软件、硬件故障而打电话找售后技术维修，则会给生活、工作造成很多的不便。本项目就针对几种常见计算机故障，总结了几种代表性的处理方法，希望对大家有所帮助。

🔄 学习目标：

1. 了解计算机故障处理的总体思路和排除故障前的准备工作。
2. 掌握计算机硬件故障产生的原因和查找方法。
3. 掌握计算机硬件故障的分类。
4. 掌握计算机常见故障的分析及处理方法。

任务一　故障处理概述

任务分析：

在对计算机故障进行处理时，都会有一个前期的准备工作。本任务就是介绍在排除故障前，应该有一个排除故障的总体思路，准备好维修工具，以及做好维修记录。

6.1　故障处理总体思路

由于 Windows 系统很庞大，引起故障的原因也是多种多样的，所以在排查故障时必须要有一个清晰的思路，才能有效地提高工作效率。一般来说，是按照先软件后硬件的原则进行故障排查，即首先从系统或软件故障来排查，然后再从硬件的角度进行故障排查，逐步缩小故障的范围，定位故障的根源，最后提出合理的解决方案。在遵循以上原则的基础之上，可以按照以下 4 个方面迅速判断出故障的产生原因。

1. 先外后内

先外设、再主机，根据系统报错信息进行检修。例如，在使用打印服务时，如果无法正常打印，应该先检查外围设备的电源是否接好、各种连接是否正常，再去检查主机的情况。

2. 先电源后部件

电源是计算机系统能够正常工作的关键，在计算机无法启动时，需要首先检查电源部分，看是否有电压通过主机。在计算机的组件功率过大时，如果主机电源功率不足，就会导致计算机工作的不稳定，在确定电源稳定的情况下再去检查各个部件。

3. 先易后难

在排除故障时，应该按照先易后难的方式来排查。有时一些比较复杂的故障可能是因为一些不起眼的小问题引起的，在解决了这些小故障之后，有些较复杂的问题也自然会迎刃而解。另外，在处理故障时，也需要考虑利用最高效的方法来解决问题。例如，在操作系统发生故障的时候，先尝试快速定位问题，如果实在无法在短时间内定位到问题产生的原因，也可以采用在妥善备份数据的情况下，重新部署操作系统的方式来解决问题。

4. 先一般后特殊

在遇到故障时，应该采用逐步递进的方式，先考虑比较常见的原因，在可能的常规故障排除后，再去考虑一些比较特殊的情况，如系统正常过电后，仍无法正常启动时，应首先考虑硬件是否已经接好、数据线是否有松动、金手指是否需要清理等，在这些常见故障排除后，再考虑硬盘、内存是否已经损坏等比较特殊的情况。

6.2 排除故障前的准备工作

1. 维修工具

（1）清洁工具：棉球、毛刷、小吸尘器、无水酒精、专用清洗剂。
（2）维修工具：各种规格的螺丝刀、钳子、镊子、剪刀、小扳手、电烙铁、吸锡器等。
（3）软件工具：操作系统（启动盘）、病毒检测软件、电脑管家类软件。

2. 做好维修记录

在维修的过程中，应根据故障的现象和解决方法认真做好维修记录，以逐渐积累维修计算机的经验，作为以后进行计算机维护分析和参考的依据。

3. 注意事项

（1）部分原装机和品牌机在保修期内不允许用户自己打开机箱，如擅自打开机箱可能会失去由厂商提供的保修服务的权利，用户在确认维修时应特别注意。
（2）必须完全切断电源，把主机、显示器与电源插线板之间的连线拔掉。
（3）各部件要轻拿轻放，尤其是硬盘和光驱。拿主板和插卡时，应尽量拿卡的边缘，不要用手接触板卡上的集成电路。
（4）拆卸时应该牢记各种插接线的方向，如硬盘线、电源线等，以便正确还原。
（5）还原用螺钉固定各部件时，应首先对准位置，然后再拧螺钉，尤其是主板，略有偏差就可能导致插卡接触不良。主板安装一定要放平稳，否则将导致内存条、适配卡接触不良甚至短路，日子久了就会发生变形，造成故障发生。
（6）由于计算机板卡上的集成电路器件多采用 MOS 技术制造，进行故障排除之前应先通过触摸墙壁等方法释放身上的静电，如果有条件最好戴上静电手套。

任务二 计算机硬件故障的检测与处理

任务分析：

本任务要求了解计算机常见故障的产生原因及故障分类，从而使用一些简单的查找方法来排除计算机的故障。

6.3 计算机硬件故障的查找方法

日常使用计算机的过程中难免会出现一些问题，所以了解一些计算机常见故障的查找方法还是必要的，包括清洁法、拔插法、替换法、观察法、敲击法、比较法等。

1. 清洁法

清洁法是指对使用环境较差，或使用较长时间的机器进行清洁。用小毛刷等清洁工具轻轻刷去主板、外设上的灰尘，因为灰尘容易导致接触不良。另外，板卡的一些插卡或芯片，因为振动和工作环境等原因，常会造成引脚氧化，接触不良。用橡皮擦去表面氧化层，重新插接好后，开机检查故障是否排除。

2. 拔插法

拔插法是通过将部件"拔出"或"插入"系统来检查故障的方法。它是一种有效的检查方法，最适于诊断计算机死机及无任何显示的故障。将故障系统中的部件逐一拔出，每拔出一个部件，测试一次计算机的当前状态，如果拔出某部件后，计算机能处于正常工作状态，那么故障原因就在该部件上。

3. 替换法

替换法就是用相同或相似、性能良好的插卡、部件、器件进行交换，观察故障的变化，如果故障消失，则说明换下来的部件是坏的。交换可以是部件级的，也可以是芯片级的，如两台显示器的交换、两台打印机的交换、两块插卡的交换、两条内存条的交换等。替换法是常用的一种简单、快捷的维修方法。

4. 观察法

观察法的基本步骤包括一看、二听、三闻、四摸。利用人的感觉器官（眼、耳、手、鼻）检查是否有过热、火花、烧焦现象和异常音响，是否有保险丝熔断、电源短路、过压、过流等现象。再观察插座是否有接插松动（接触不良）、虚焊、脱焊、断线（连线开路、引脚断开）、短路（线间桥接、引脚相碰）、元器件锈蚀、零部件损坏及其他明显的故障。开机后用手触摸一些芯片的表面，如果发烫，则该芯片损坏，可更换一块好的芯片试试。

5. 敲击法

机器在使用过程中如果出现时而正常、时而不正常的情况，往往是由于插件插接不牢、焊点虚焊及接触不良造成的。可对插件等施加敲击、手压的方法来检测因接触不良而引起的暂时性故障。"敲击"就是对怀疑有故障的部件用小橡皮锤轻轻敲击或用手指或螺丝刀轻轻敲击机箱外壳，观察故障机是否恢复正常；"手压"则是将可疑故障部件用手压牢后再重新开机，看故障是否消除。这种方法虽然简单，有时却很有效。

6. 比较法

为了确定故障部位，在维修一台故障计算机时，可以准备另一台好的计算机比较用。当怀疑某些模块时，分别测试两块卡的相同测试点，凡是不相同的地方必有其原因所在，追根寻源一定能找到故障部位，从而解决故障。

> **温馨提示**
>
> 在维修计算机的过程中，一般都采用多种方法综合使用。

6.4 计算机硬件故障产生的原因

计算机硬件故障产生的原因很多,主要包括硬件质量问题、兼容性问题、工作电压问题、使用环境问题、使用不当等问题。

1. 硬件驱动程序没有装好

硬件要想稳定的工作,并发挥功能,其驱动程序是非常重要的,如果驱动程序没有装好,会导致硬件无法工作,或者无法发挥应有的作用。在硬件发生问题时,应从软件着手,检查驱动程序是否正常。

2. 硬件安装不当

硬件安装不当是指硬件未能按照要求进行正确的安装与调试,导致计算机无法正常启动。对于此类故障只要按照正确要求重新安装、调试即可。

3. 电源工作不良

电源工作不良是指电源供电电压不足、电源功率低或不供电的情况。它通常会造成无法开机、不断重启等故障,修复此类故障需要更换电源。

4. 硬件连线或接插线接触不良

硬件连线或接插线接触不良通常会造成计算机无法开机或设备无法正常工作的情况,如硬盘信号线与 SATA 接口接触不良会造成硬盘不工作,无法启动系统,需要将连线或接插线重新连接,从而解决该故障。

5. 硬件不兼容

兼容性是指硬件与硬件、软件与软件、硬件与软件之间能够相互支持并充分发挥性能的特性。硬件不兼容是指计算机中两个以上部件之间不能配合工作,这种现象可能是计算机的硬件、软件是由不同厂商生产的,虽然它们都具有统一标准,但还有一些产品是不兼容的。硬件不兼容一般会造成计算机无法正常启动、死机或蓝屏等故障,通常需要更换部件来解决该故障。

6. 硬件过热问题

硬件过热问题是影响硬件稳定工作的主要问题,硬件设备过热时,通常会引起死机、重启故障。为此,在计算机中通常对发热量大的硬件加装散热片或散热风扇,如主板芯片组、CPU、显卡的显示芯片等。

7. 发生冲击或外力的情况

如果计算机被挪动或因为其他原因碰撞了,就会导致一些硬件设备接触不良,或工作部件发生变形损坏(如硬盘)。如果计算机被冲击,无法正常工作,应重点检查硬件是否接触不良。

8. 环境过于潮湿

环境过于潮湿,会使计算机中硬件设备的电路板在含有大量水汽的环境中工作,时间长了,硬件电路板会发生轻微短路,使元器件工作不良,从而导致硬件无法正常工作。对于这种情况应对空气除湿,使计算机能在正常的环境中工作。

9. 灰尘太多

灰尘对于计算机硬件是致命的,由于硬件电路板上金属线纵横交错,电流是通过这些金属线流动的,如果有灰尘覆盖,可能会阻碍电流的流动。另外,灰尘沾满散热片及散热风扇,也会使散热效果下降,导致硬件过热。因此,每隔一段时间,就应该清理一下计算机硬件中的灰尘。

10. 部件、元器件质量问题

有的厂商为了利益最大化而使用质量较差的电子元器件,致使有些设备达不到设计要求,影响产品的质量。部件、元器件质量有问题或损坏,通常会造成计算机无法开机、无法启动或某个部件不工作等故障,如光驱损坏,修复此类故障通常需要更换故障部件,所以在购买硬件设备时,一定不要贪图便宜,应仔细辨别,避免买到不合格的产品。

11. 电磁波干扰

外部电磁波干扰通常会引起显示器、主板或调制解调器等部件无法正常工作,如在变压器附近的计算机会出现显示不正常或不能上网等故障。修复此类故障通常需要消除电磁波干扰。

12. 计算机使用和维护不当

计算机使用和维护不当也会造成故障,如在安装硬件时用力不均或过猛等都会造成计算机损坏,导致在使用时出现各种问题;或者在使用过程中带电插拔硬件或移动硬件从而导致硬件损坏。

> **• 温馨提示 •**
>
> 计算机产生故障的原因是多种多样的,遇到故障时应具体问题具体分析,找到产生故障的原因从而进行解决。

6.5 计算机硬件故障的分类

计算机是一种精密设备,其工作原理非常复杂,机体电子元器件模块有成千上万。所以计算机发生的硬件故障也是多种多样的,下面从三个方面介绍计算机硬件故障的分类。

1. 按硬件故障的本质可分为真故障和假故障

真故障是指各种板卡、外设等出现电气或机械等物理故障。这些故障会使板卡或外设无法正常工作,甚至出现系统无法启动的情况。

假故障是指各种板卡和外设都完好,但由于受硬件安装、某些设置或系统特性不为人知或外界因素影响造成系统无法正常工作,如电源插座开关接触不良、系统与外设连线脱落、设置调节未到位、操作疏忽等。

2. 按故障出现的时间可分为先期故障、中期故障和后期故障

先期故障指发生在包括从购买设备到货、安装直至用户保修期前后的一段时间内发生的故障。这类故障多是由于设计不合理、装配工艺较差、运输受振或元器件质量不良所致，也有些故障是由于用户使用不当人为造成的。先期故障的特征是除元器件质量故障以外，工艺性故障所占比重较大。

中期故障指用户使用了大约3年后所发生的故障，这类故障多是由于某一个或几个电路中的高电压、大电流、发热元器件或部件的质量不良所引起的，一般更换故障元器件后就可排除。另外，各种风扇出现故障的概率也比较大。

后期故障指发生在设备使用数年之后，如一些设备的可调电位器、电阻、电容、半导体及集成电路等部件由于使用时间较长发生化学及物理变化导致老化、失效等。对于已经到了使用寿命的故障元器件，用新元器件更换后设备即可恢复正常。

3. 按故障原因可分为内部故障、外部故障和人为故障

内部故障指设备内元器件性能不良，如元器件虚焊、腐蚀，接插件、开关、触点被氧化，印刷板漏电、铜断、锡连等诸多由于生产方面的原因造成的故障，其中元器件及机械部件的寿命终结也属于这类故障。

外部故障是由用户使用的外部条件造成的，如由于电压不正常造成电源部分及电路元器件的损坏；长期工作造成设备内大功率元器件和一些机械部件的损害；尘埃等造成元器件老化、性能下降等。

人为故障是指由人为原因包括运输过程中的剧烈振动、过分颠簸，以及用户自己乱拆卸、盲目修改等造成的故障。

任务三　计算机常见故障的分析及处理方法

任务分析：

在日常使用中，计算机难免会出现一些问题，所以了解一些简单的计算机常见问题及处理方法还是必要的。本任务的主要目标是掌握计算机常见硬件、软件故障及处理方法和计算机网络故障及处理方法，以后可以尝试自己动手维修计算机了。

6.6 计算机常见硬件故障及处理方法

计算机硬件故障涉及CPU、内存、主板、显卡及各种板卡等，这些硬件故障会导致各种各样的问题，影响计算机的正常使用。下面将针对常见故障进行详细讲解。

6.6.1 CPU 常见故障

CPU 是计算机的核心，一旦出现故障，整台计算机就会陷入瘫痪，其常见故障有散热故障、与主板接触不良故障、参数设置错误等。

1. CPU 温度过高导致死机

出现这个问题的原因是 CPU 超频、风扇运行不正常、散热片安装不好，或是 CPU 底座的散热硅脂涂抹不均匀所导致的。解决方法是，首先查看风扇的转动是否正常，如果在黑屏或自动关机时，散热风扇停止转动，就把风扇拆下来，用手转动风扇；如果风扇不能转动，则建议换一个性能较好的风扇。

如果风扇未损坏，可使用防静电软毛刷将上面的灰尘清除，并在转轴处滴几滴润滑油，然后将散热风扇或散热片重新安装到主板上，开机测试，如果故障仍然存在，则更换一个新的风扇。

检查完风扇，然后查看 CPU 表面的导热硅脂是否干枯，如果 CPU 表面的导热硅脂干枯，则除去旧的硅脂，重新涂抹。硅胶是用来提升散热效果的，正确的方法是在 CPU 表面薄薄地涂上一层，基本能覆盖芯片即可。涂多了反而不利于热量传导，而且硅胶容易吸附灰尘，硅胶和灰尘的混合物会大大影响散热效果。

2. 与主板接触不良

CPU 与主板接触不良会导致计算机无法开机、无显示，这类故障比较常见也容易处理，当发生接触不良时，将 CPU 重新插拔即可。需要注意的是，在安装 CPU 时用力要适度均匀，否则安装过松或过紧都会导致 CPU 与主板接触不良。

3. BIOS 设置对 CPU 超频的影响

BIOS 设置 CPU 超频最常见的危险就是发热，计算机部件高于额定参数运行时，将会产生更多的热量，若散热不充分，系统就可能过热，从而导致出现故障。在 BIOS 中的"频率与电压设定"选项中，有一个选项为"Spread Spectrum"，将其设置成"Enabled"就可以解除超频了。

如果用户之前对 CPU 进行了超频，使用 Windows 系统时经常出现蓝屏现象，且无法正常关闭程序，只能重启计算机。此时最好将频率降下来，将其恢复为原来的频率，或更换大功率的风扇，做好 CPU 的散热工作，否则，CPU 很容易被烧毁。

4. 关闭二级缓存造成计算机运行过慢

由于 CPU 要从缓存中读/取数据，从而大大减慢了其读/取的速度。在 BIOS 设置中，查看"CPU Level2 Cache"选项是否被设置成"Disabled"，若是，则将其修改成"Enabled"，保存后退出即可解决问题。

6.6.2 主板常见故障

主板是计算机的基础部件，其作用相当于一个桥梁，用来连接各种计算机设备。常见主板故障包括无法加电自检、主板接口损坏、BIOS 无法自动保存等，其中主板自身质量问题而引起的故障比较多，还有一些问题是用户人为造成的。下面分析四种常见的主板故障现象。

1. 主板防病毒未关闭，导致系统无法安装

此现象比较容易出现在新购主板中，因为 BIOS 中的防病毒设置大多默认设置为 Enabled，所以会出现无法安装系统的问题，当然也不排除主板本身故障导致系统无法运行。BIOS 被病毒破坏后，硬盘里的数据将全部丢失，此问题严格地讲，不应算主板故障，对于类似故障，只要大家仔细阅读主板说明书就能解决问题。

2. 主板温控失常，引发主板"假死"

由于 CPU 发散的热量非常大，所以许多主板都提供了严格的温度监控和保护装置。当 CPU 温度过高，或主板上的温度监控系统出现故障时，主板就会自动进入保护状态。拒绝加电启动，或报警提示。因此，当主板无法正常启动或报警时，先要检查主板的温度监控装置是否正常。

3. 主板过热导致频繁死机

此类故障是由于主板 Cache 有问题或主板设计散热不良引起的，在死机后触摸 CPU 周围的主板元件，会发现其温度非常高且烫手。更换大功率风扇后，死机故障会得以解决。对于 Cache 有问题的故障，可以进入 CMOS 设置程序，将 Cache 禁止后即可顺利解决问题，当然，Cache 禁止后速度肯定会受影响。如若按此方法不能解决故障，那就只有更换主板或 CPU 了。

4. IDE 接线错误，主板"六亲不认"

此类故障看似复杂，没有经验的维修员会误认为是硬件损坏，其实是因为 IDE 接线错误造成的。如果在连接硬盘时，因为没有及时更改跳线，也会出现类似情况。有时出现找不到硬盘的故障，除硬盘本身出现故障的可能外，还有可能是由于主板的 IDE 线或者 IDE 接口损坏造成的。只要仔细检查，故障一般都可以排除。

6.6.3 内存常见故障

内存如果出现问题，会造成系统运行不稳定、程序出错或操作系统无法安装等故障，常见的内存故障包括内存接触不良、内存过热、内存质量、内存条不兼容等。

1. 内存接触不良导致开机无显示

打开计算机电源后显示器无显示，并且听到持续的蜂鸣声，或者一直反复重启，此类故障一般是由于内存条与主板内存槽接触不良所引起的。

排除上述故障的方法就是拆下内存条，用橡皮擦来回擦拭金手指部位，然后重新插到主板上。如果多次擦拭内存条上的金手指并更换了内存槽，但是故障仍不能排除，则可能是内存条损坏，此时可以另外找一个内存条来试试，或者将本机上的内存条换到其他计算机上进行测试，以便找出问题之所在。

2. 内存引起不能开机

由于内存是很重要的配件，系统对内存的检测也是很仔细的。在启动过程中，主板 BIOS 程序会对内存进行检测，一旦内存有严重的质量问题，就会给出提示并停止启动。

对内存故障的判断大致可以分为两种情况：一是无法开机，显示器无任何显示，但电源风扇有反应，机箱喇叭会发出持续不断的鸣叫声；二是可以开机启动，但系统运行不正常，如出现"非法操作"和"注册表错误"的提示。前一种故障是内存损坏或安装错误引起的，后一种故障则是内存不稳定造成的，它们都属于内存质量有问题。

排除上述故障的方法就是一旦内存有问题，首先应该关机拔下内存条仔细看看内存芯片表面是否有被烧毁的迹象，金手指、电路板等处是否有损坏的迹象。如果内存无损坏，则应检查内存安装是否正确，是否插入到位，可以将内存拔出，将金手指用橡皮擦或无水酒精仔细擦拭，待酒精挥发后再重新仔细地插入内存插槽内。另外，主板内存插槽的损坏也会导致内存无法正常使用。

3. 内存过热导致死机

一台正常运行的计算机上突然提示"内存不可读"，然后是一串英文提示信息。这种问题经常在天气较热时出现，且没有规律。由于系统已经提示了"内存不可读"，所以可以先从内存方面寻找解决问题的办法。天气热时该故障出现的情况多，一般是由于内存条过热而导致系统工作不稳定的。

排除上述故障的方法有两种：一是自己动手加装机箱风扇，以加强机箱内的空气流畅，二是给内存加装铝制或者铜制的散热片。

4. 内存检测时间过长

随着计算机基本配置内存容量的增加，开机内存自检时间越来越长，有时需要进行几次，才可检测完内存，此时用户可按"ESC"键直接跳过检测。

排除上述故障的方法就是开机时，按"DEL"键进入 BIOS 设置程序，选择"BIOS Features Setup"选项，把其中的"Quick Power On Self Test"设置为"Enabled"，然后存盘退出，系统将跳过内存自检，或按"ESC"键手动跳过自检。

5. 增加内存后系统资源反而降低了

原计算机内存只有 256MB，增加了一个 256MB 内存条后系统资源却降低了，这是为什么呢？此类现象是由于主板与内存条不兼容引起的，常见于高频率的内存条用于某些不支持此频率内存条的主板上。

排除上述故障的方法是，当出现这样的故障后，可以试着在 BIOS 中将内存的速度降低。

6. 内存问题导致的系统故障

因内存引起的计算机故障通常有以下现象：

（1）Windows 系统运行不稳定，经常产生非法错误；

（2）Windows 注册表经常无故损坏，提示要求用户恢复；

（3）安装 Windows 进行到系统配置时产生一个非法错误；

（4）Windows 启动，在载入高端内存文件 himem.sys 时系统提示某些地址有问题；

（5）Windows 经常自动进入安全模式。

此类故障是由于主板与内存条不兼容或内存质量不佳引起的，常见于 PCI33 内存用于某些不支持 PCI33 内存条的主板上。可以尝试在 BIOS 设置中降低内存的读/取速度来解决，如果排除上述故障的方法不行，且确定是内存条原因，则需要进行更换内存条的工作。

6.6.4 显卡常见故障

显卡是计算机的重要部件，如果显卡出现了问题，计算机就会无法正常显示画面。显卡可分为独立显卡和集成显卡，一般出现故障的都是独立显卡，因为集成显卡在主板上，只要芯片不损坏就不会出现故障。显卡常见的故障有花屏、黑屏、无输出等故障。

1. 计算机花屏或黑屏

计算机花屏是一种比较常见的显示故障，大部分计算机花屏的故障都是由显卡本身引起的，可能是显示器与显卡的连线松动、显卡损坏或者超频造成的，其他可能是由于计算机温度过高或灰尘过多等原因引起的。花屏时首先要检查的就是显卡驱动，以后按照先软后硬的原则进行。

（1）驱动问题

有可能是显卡驱动与程序本身不兼容的原因或驱动存在 BUG 造成的。这也是引起花屏的重要原因，多出现于更换显卡驱动版本之后，也有可能是因为驱动文件损坏所导致的。解决的办法很简单，重新安装通过微软认证的驱动，版本不必一味求新。

如经过以上方法后显卡还是花屏的话，可以尝试着刷新显卡的 BIOS，打开显卡厂商的主页看看有没有更新的 BIOS 下载。对于一些杂牌显卡来说，可以试着用大厂商的 BIOS 刷新显卡，需要注意的是，刷新 BIOS 是有风险的，而且以上方法都是基于显卡在保修期外的情况，如显卡还在保修期内，应在排除软件问题后尽快送去维修为好。

（2）温度问题

这个问题不仅仅是显卡，处理器、内存甚至主板的芯片组温度过高也会引起花屏。这样的情况多发生于夏天，但是冬天时，如果散热器脱落、风扇停转，在室内也很有可能会出现硬盘温度过高的情况，同样是不可忽视的。建议打开机箱检查一下各个散热器的安装情况，试着敞开机箱运行游戏，看看会不会再次花屏，如故障消失或时间后延的话基本可以确定就是温度的问题。

（3）供电问题

供电问题包括电源和主板的 AGP/PCI-E 16X 供电的情况，如果显卡得不到充足的、纯净的电流，同样有可能会出现花屏的情况。解决的办法是先断开光驱、独立声卡等非必备硬件，降低整机负载后重试。

（4）显卡问题

如果开机就显示花屏，则先要检查显卡的散热问题，用手摸一下显存芯片的温度，检查显卡的风扇是否停转，再看看主板上的显卡插槽里是否有灰尘，检查显卡的金手指是否被氧化了，然后根据具体情况清理灰尘，用橡皮擦把金手指的氧化部分擦亮。如果散热有问题就换个风扇或在显存上加装散热片。

如果不是上述问题，就有可能是显卡的 BIOS 有缺陷，这个问题可以通过刷新 VGA BIOS 解决，但也有可能是显存损坏，如此就必须更换显存条了。此外，如果是核心损坏引起的花屏，显卡就只能报废了。

还有一个不可忽视的问题就是显卡上的电容，很多显卡花屏是因为电容引起的。显卡厂家为节约成本采用了对温度非常敏感的电容，一到冬天气温下降就会花屏，理论上更换电容后故障就排除了，但是还是建议和经销商联系更换或返厂维修事宜。另外，还有可能就是显存速度太低，不能与主机的速度匹配，就会产生花屏现象，处理方法就是换更高速的显存，或降低主机的速度。

如果是台式计算机出现花屏，第一时间就应该检查显示器与主机连接的数据线，是否连接松动，或其接头氧化导致的供电不足。如果重新连接还是无法解决，那就换根数据线，还不行的话再考虑其他原因。

  2. 独显无输出

如果在 BIOS 中设置了集成显卡优先，那么就会造成独立显卡无输出。在 BIOS 中有独立显卡优先、集成显卡优先、自动选择（auto）三个选项。一般的 BIOS 设定都会将显卡设定在 auto 选项，但不排除会出现误操作把这个选项设置为集成显卡优先，那么独立显卡就不会正常工作了。

上述问题的解决方法就是先把线头接在主板背后核芯显卡输出接头上，然后在 BIOS 中将设定调整回来。

6.6.5　插入 U 盘后无反应

U 盘是日常工作中使用比较频繁的一种存储设备，但在使用中，会出现插入 U 盘后无反应的情况，如图 6-3-1 所示。这种情况可能是计算机自身设置或 U 盘损坏造成的，此时应该更换接口，若 U 盘仍是无反应，可将其插入到其他计算机的 USB 接口进行测试，如果在其他计算机上能够正常读/取，则问题出在计算机设置上，相反，若在其他计算机上仍是无法读/取，则是 U 盘出现问题了。

图 6-3-1　插入 U 盘后无反应

6.7　计算机软件故障的分析及处理方法

软件故障是指由于计算机系统配置错误、计算机病毒入侵或用户对软件使用不当造成的计算机不能正常工作。一般分为软件兼容故障、系统配置故障、计算机病毒故障等。软件兼容故障是指当软件的版本与运行环境的配置不兼容时，造成软件不能运行、宕机、文件丢失或遭到破坏等现象。系统配置故障是指基本的 BIOS 设置、CMOS 芯片设置、系统命令配置等，如果这些系统配置不正确也会引起计算机故障。计算机病毒故障是指由于计算机感染病毒，造成重要数据丢失或计算机不能正常工作。

6.7.1 操作系统故障

1. 计算机无故重启

有时计算机在关机后会自动反复重启，这类故障是由于系统设置不正确造成的，可以通过修改操作系统的选项设置进行修复。

计算机无故重启

2. 死机

计算机死机（宕机）分为"真死"与"假死"两种情况，"真死"是指计算机没有任何反应，包括画面、声音、键盘、鼠标等均无任何反应，必须要重启计算机才可恢复。"假死"是指计算机某个进程出现问题，导致系统反应变慢，显示器输出画面无变化，但键盘、鼠标、指示灯等有反应，过一段时间有可能会恢复的现象。下面分别对这两种死机故障进行讲解。

（1）"真死"

操作系统造成的死机大多数是由于系统文件遭到破坏，导致用户无法进入操作系统，或者用户能够进入操作系统，却无法正常操作计算机，使计算机出现频繁死机。

计算机"真死"

用户在使用计算机时可将系统文件隐藏起来，以避免系统文件遭到破坏。

（2）"假死"

计算机"假死"现象，主要是由于用户打开了较大的软件或多个软件，占用了很多内存资源导致内存耗尽从而出现计算机卡死的现象。针对这类故障可启动任务管理器，结束占用资源较大的进程即可解决卡顿的现象。

3. 蓝屏

在计算机使用过程中，会遇到出现蓝屏的现象，如图 6-3-2 所示，先要仔细分析是什么原因造成的。

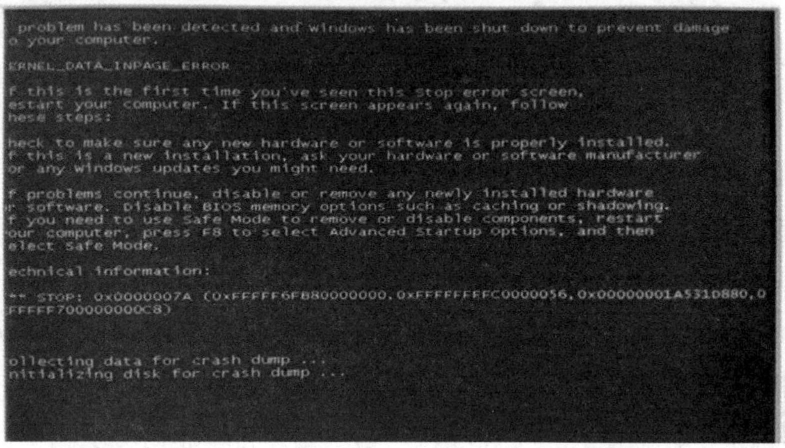

图 6-3-2 蓝屏

（1）内存条接触不良

解决方法：打开机箱将内存条固定，同时对计算机进行除尘操作，这样的做法能够更好地保证计算机运行。若计算机仍出现蓝屏，则可能是内存条的问题，可以考虑更换内存条。

（2）软件安装不兼容导致蓝屏

解决方法：如果在安装某软件后出现蓝屏现象，必须将此软件卸载。若卸载后仍出现蓝屏现象，则是其他原因。

（3）计算机中毒引起蓝屏

解决方法：如果是病毒引起的，这时候需要将计算机重启并进行杀毒操作，若计算机仍是蓝屏现象，可以考虑重装系统。

（4）计算机超频运行导致 CPU 过热或是内部硬件温度过高

解决办法：此时要查看 CPU 风扇和显卡风扇是否正常转动，若正常，则可以考虑增加机箱散热。

4. QQ 无法登录或者显示异常

（1）计算机上 QQ 无法登录或者显示异常

QQ 在登录时常会出现各种现象，导致无法成功登录 QQ，如出现一些错误代码（非 115713），或是登录无响应，一直处于登录状态。确保使用的是官方软件，出现类似情况可以按以下方法进行操作。

① 删除本地号码文件夹（删除本地号码文件夹后本地聊天记录会消失，请注意保存备份）；

② 关闭或者卸载计算机的杀毒软件后再试；

③ 更换路径重新安装最新版本的 QQ 软件；

④ 若安装不同版本后问题依然如此，而该账号在其他计算机使用正常，就可能是系统问题，建议重装系统；

⑤ 还可以按以下方法来解决，具体操作步骤如图 6-3-3 所示。

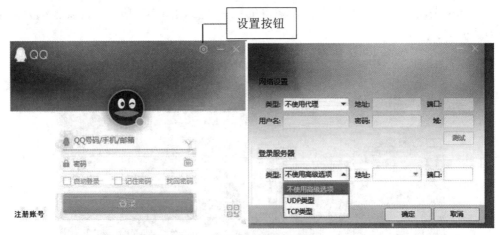

图 6-3-3　QQ 无法正常登录

A．尝试使用其他方式登录（UDP 模式、TCP 模式和会员 VIP 模式）。

操作方法：在登录窗口的中下方选择"设置"的"登录服务器"选项，依次选择 UDP 模式、TCP 模式和会员 VIP 模式（仅提供给会员）进行尝试。

B．如果所使用的代理服务器已经失效，则建议更换代理或者不使用代理服务器进行登录。

操作方法：在登录窗口的中下方选择"设置"→"网络设置"→"类型"选项，选择不使用代理，或者选择其他代理模式（填写好相关代理服务器后，请先测试是否可以正常使用）。

（2）手机 QQ 无法登录

如果无法登录手机 QQ，请根据以下方式进行解决。

① 尝试检查手机的网络设置是否正确，能否正常登录其他网页（若是网络设置问题，可参考手机说明书或是咨询当地运营商重新进行网络设置即可正常使用）。

② 手机网络问题导致的无法正常登录，换个时间段再进行使用（即使手机信号很好，也可能无法登录。因为手机信号和无线连接信号没有必然关系，手机 GPRS 信号的传输主要依赖于当地基站的代宽传输速度，如手机用户的网络接入速度是 2Mb/s，小区的接入是 20Mb/s，但是小区一共有 100 个人同时使用网络，那么即使手机用户有 2Mb/s 接入，分到的带宽也就只有 200Kb/s。所以掉线可能跟当前的网络繁忙情况有关，建议可以尝试换个时间段再进行操作）。

③ 检查登录 QQ 时信号树是否有出现"E""G"字样，如手机出现欠费停机，请先待交付话费后，重启手机再登录。

④ 若以上情况都未发生，可能是由于手机软件损坏导致的，建议删除手机软件之后，清除手机缓存，再重新下载适配的手机 QQ 软件进行使用即可。

5. 输入法软件的图标丢失

输入法软件是计算机最常用的工具软件之一，其常见故障就是图标丢失，即在计算机任务栏中看不到输入法图标，使用"Ctrl+Shift"组合键也无法调出。该故障是由于操作系统语言设置不当导致的，可尝试使用"Ctrl+Shift"组合键，看是否能将输入法调出来。如果依然无效，可以使用"Ctrl+空格键"组合键来测试；如果还是不能显示，则在任务栏的空白处右键单击鼠标，选择"工具栏"→"语言栏"选项，这时再看一下输入法图标是不是已经出来了。

输入法图标丢失

如果上述方法还没有还原语言栏输入法的图标，可打开控制面板进行参数设置，即可解决。

6.7.2 办公软件常见故障

在工作中办公软件是接触最多的常用软件，有时在使用过程中会出现一些问题，如 Word 文件损坏导致无法打开、计算机异常关闭导致 Word 文档未及时保存、Excel 打开文件很慢等问题。下面以 Office 2010 版本为例，详细讲解以上问题的解决方法。

1. Word 文档未保存

遇见突然断电会造成正在编辑的文档来不及保存就关闭了，重新

Word 文档未保存

启动 Word 后，原编辑文档内容不存在，这种现象是因为 Word 自动保存功能被禁用了，开启文档自动保存功能就可以解决该问题。

2. Excel 启动慢且同时打开多个文件

用户在打开 Excel 文件时，文件打开很慢且打开文件后，发现一次打开了多个 Excel 文件。这类故障主要是由于 Excel 设置不当引起的。

Excel 打开多个文件

3. PowerPoint 字体更改

用户在演示 PPT 时会遇到这样一个问题，制作了一份 PPT，在自己的计算机上 PPT 播放正常，但复制到其他计算机上播放时，字体却发生了变化。这类故障主要是由于 PowerPoint 软件设置不当引起的，通过设置嵌入字体就可解决。

PPT 字体更改

6.8 计算机网络故障及处理方法

计算机网络在使用过程中也会出现一些故障，包括网络连接故障、上网故障等，如图 6-3-4 所示，掌握一些常见的网络故障解决方法，有助于用户更好地使用计算机。

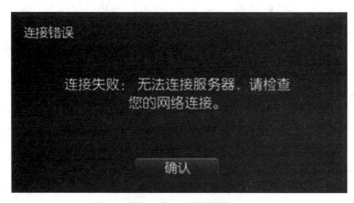

图 6-3-4 网络故障

6.8.1 网络连接故障

1. 未发现网卡

在连接网络时，有时系统会提示未发现网卡之类的信息，该故障主要是由于未正确安装网卡驱动程序或网卡接触不良造成的。

（1）未正确安装网卡驱动程序

当计算机出现无法检测到网卡的错误时，可能是计算机未安装网卡驱动程序，首先应检查网卡驱动程序是否正确安装。

（2）网卡接触不良

如果安装了网卡驱动程序还是无法检测到网卡，那么就要检查网

安装网卡驱动

卡是否有松动或堆积灰尘过多造成网卡接触不良。网卡接触不良比较容易解决，将网卡拆卸下来，清理灰尘之后重新安装即可。

2. 网线故障

如果计算机可以连接网络，但网络速度非常慢，引起该类故障的原因比较多，在检测时可按以下方法依次进行：重启网络、对计算机杀毒、重新启动计算机。如果网络速度仍然得不到改善，那么就要考虑是网线故障了。

网线需要按照 T568A 或 T568B 标准制作，4 对双绞线按照一定的线序绞合而成。如果不按照标准制作，则网线所受的外界干扰会比较大，传输速度下降，并且会造成数据丢失。网线故障可以用网线测试仪或万用表进行检测，如果是网线有故障，更换一条新的网线就行了。

除此之外，网线断线、质量太差或水晶头没有压实等都会造成网络无法连接或网络速度缓慢的现象。

3. 网络协议故障

计算机网络连接有时会受到限制，在网络连接显示处出现一个黄色的叹号，重新连接时故障依然存在。这时用户就需要检测网络的用户名和密码是否正确，如果用户名和密码都是正确的，那么就要考虑网络协议故障了。

网络协议故障

网络协议故障包括没有安装网络协议或网络协议配置错误两种情况。解决网络协议故障需要检查网络协议是否安装，并且参数配置是否正确。

6.8.2 上网故障

上网故障指用户在上网过程中遇到的各种问题，如浏览器无法打开、网页中的动态图变成了静态图片等。上网故障一般是由软件设置与系统设置引起的，通常修改软件参数设置或系统参数设置就可解决这类问题。

1. 浏览器无法打开

在网络正常连接的情况下，如果浏览器打不开，就要考虑是浏览器的故障，如果每次打开浏览器就提示错误并需要关闭，可能是由于浏览器系统文件遭到破坏导致的。遇到这类故障，最好的解决方法就是先卸载正使用的浏览器再重新下载安装新的浏览器。

2. 网页中的动态图变成静态图片

网页可以显示 GIF 格式的动态图，带给用户更好的视觉体检，但有时在浏览网页时发现，动态图都显示为静态的图片了。这种故障一般是由于浏览器设置不当导致的。

动图变成静态图片

• 温馨提示 •

计算机在使用中会经常遇见各种故障，要在使用、维修过程中不断积累经验，针对不同的问题，采取不同的解决方法。

项目小结

本项目主要讲解了计算机常见故障检测与处理的方法。首先讲解了计算机故障处理的总体思路和排除故障前的准备工作,然后讲解了计算机硬件故障的检测与处理,包括计算机硬件故障的查找方法、计算机硬件故障产生的原因、计算机硬件故障的分类,最后讲解了计算机常见故障的分析及处理方法,包括计算机常见硬件故障及处理方法、计算机软件故障分析及处理方法和计算机网络故障及处理方法。通过本项目的学习用户可以自己动手解决学习和工作中遇见的常见计算机故障,提高工作效率。

思考与练习

1. 简述计算机故障处理的总体思路。
2. 简述计算机死机的原因及解决方法。
3. 简述计算机硬件故障的分类。

实 训

上午上班时,发现部门某办公室的所有计算机都不能连接互联网,作为单位计算机维护管理人员,你接到通知后,马上赶往该办公室解决这个网络故障。请你写出该故障的原因及处理方法。

项目七

计算机的日常维护与保养

♻ 项目导入：

在计算机的日常使用中，维护和保养显得尤为重要。只有注重计算机的保养和维护，并通过定期的硬件、软件、网络设备维护，才能最大限度地延长计算机的使用寿命并保持其良好的运行状态。

♻ 学习目标：

1. 了解计算机的工作环境。
2. 掌握台式计算机、笔记本电脑各种硬件的维护保养方法。
3. 熟悉台式计算机定期清洁的方法与步骤。
4. 掌握计算机软件维护和保养的方法。
5. 掌握网络设备日常维护的方法。
6. 掌握网络安全维护的方法及技术。

任务一　计算机硬件的日常维护

任务分析：

在计算机的使用过程中，计算机的工作环境及计算机硬件的保养非常重要。计算机的各个硬件部件对环境条件的参数范围都有规定，超过或达不到这个规定就会使计算机的可靠性降低、寿命缩短。工作环境因素包括温度、湿度、清洁度、振动、电磁干扰、静电和电源问题等。所以要用好计算机首先要了解环境条件对计算机的影响。除此之外，清楚了解各个计算机硬件部件的使用特征，注意对硬件的维护和保养也是非常重要的。

7.1　计算机的工作环境

要使一台计算机工作在正常状态并延长使用寿命，就必须使它处于一个适合的工作环境中，应具备以下条件。

1. 控制温度

计算机理想的工作温度是10℃～35℃，温度过高或过低都会影响计算机配件的寿命。

2. 控制湿度

计算机理想的湿度环境为30%～80%的相对湿度，湿度太高会影响部分配件的性能，甚至造成配件短路，湿度太低则易产生静电。

3. 注意防尘

灰尘对计算机的所有配件都会造成不良影响，从而缩短其使用寿命或影响其性能，因此，计算机应放置于整洁的房间内。

4. 注意防磁

磁场会对显示器、磁盘等造成严重影响，计算机经常放置在有较强磁场的环境下，就会造成硬盘上数据的损失，甚至这种强磁场还会使计算机出现一些莫名其妙的现象，如显示器会产生花斑、抖动等。产生这种电磁干扰的干扰源主要有音响设备、电机、大功率电器、电源、静电和较大功率的变压器，如UPS、日光灯等，所以在使用计算机时，应尽量远离这些干扰源。

5. 防止振动

计算机工作时不要搬动或使其受到冲击，以避免计算机中部件的损坏（如硬盘的损坏或数据的丢失等）。

6. 防止静电

干燥环境中，谨防静电对计算机配件的影响。

7. 电源要求

保持电源插座包括多用插座的接触良好，摆放位置合理不易碰绊，尽可能杜绝意外掉电，一定要做到关机后人再离开。

8. 正确的开机、关机顺序

由于计算机在刚加电和断电的瞬间会有较大的电冲击，会给主机发送干扰信号导致主机无法启动或出现异常，因此，使用计算机的过程中应保证正确的开机、关机顺序。

开机顺序：先开外设（如打印机、扫描仪、Modem 等），显示器电源不与主机相连的，需要先打开显示器电源，再打开主机。

关机顺序：与开机顺序相反，先关主机，再关外设。

> **温馨提示**
>
> 如果计算机死机，应先设法"软启动"再"硬启动"（按 Reset 键），实在不行再"硬关机"（按电源开关数秒钟）。不要频繁开、关机器。关机后立即加电会使电源装置产生突发的大冲击电流，造成电源装置中的器件被损坏，也可能造成硬盘驱动突然加速，使盘片被磁头划伤。因此，建议重新启动计算机时应该在关闭机器后等待 10 秒钟以上。

9. 保管相关物品

妥善保管计算机的各种驱动光盘及说明书。

7.2 计算机硬件的维护保养

1. 主板

主板最忌静电和形变。静电会腐蚀主板上 BIOS 芯片和数据、损坏晶体管的接口电路、破坏主板上所有元件之间的联系。主板的变形会使线路板断裂。

计算机主板的日常维护要做到防尘和防潮。由于 CPU、内存条、显卡等重要部件都是插在主板上的，如果灰尘过多，会引起主板与各部件之间的接触不良，产生未知故障；如果环境潮湿，主板容易变形而引起接触不良等故障，影响计算机的正常使用。在组装计算机时，固定主板的螺钉不要拧太紧，否则容易使主板变形。同时各个螺钉需要用同样的力度。

> **温馨提示**
>
> 主板的日常维护需要注意三个方面，即设备不能随意插拔；维持设备接触良好；注意防止静电，否则很容易损坏细小的设备。

2. 内存条

内存条氧化或损坏可造成计算机黑屏等问题。解决内存条氧化最简单的方法就是定期清理灰尘：用吹气球吹去内存条表面和插槽里的灰尘，并用橡皮擦拭金手指。另外，扩展内存时需要解决兼容性问题。在升级内存条时，尽量选择和原有内存条品牌、外频一致的，可避免出现系统运行不正常等故障。

> **温馨提示**
>
> 当只需要安装一个内存条时，应首选和CPU插座接近的内存插座，这样做的好处是，当内存条被CPU风扇带出来的灰尘污染后可以清洁，而插座被污染后却极不易清洁。硬件中断冲突会导致黑屏，如更换了内存条、显卡后仍无法点亮计算机屏幕时，可考虑更换插槽位置。

3. CPU

要延长CPU的使用寿命，保证计算机正常、稳定地完成日常的工作，首先就要保证CPU在正常的频率下工作，通过超频来提高计算机的性能是不可取的。另外，CPU是计算机发热量比较大的部件，CPU忌高温，其散热问题不容忽视。如果CPU不能很好地散热，可能导致内部线路发生电子迁移，引起系统运行不正常、计算机无故重启、死机等故障，因此，为CPU选择一款好的散热风扇必不可少。在清洁CPU后，安装时一定要注意安装到位，以免引起计算机不能启动的故障。

4. 硬盘

硬盘最忌振动。硬盘是一种精密设备，工作时磁头在盘片的表面浮动高度只有几微米，当硬盘处于读写状态时，一旦发生较大的振动，就会造成磁头与盘片的撞击，引起硬盘读写头划破盘表面损坏磁盘面，破坏硬盘上的数据，损坏读写头，使硬盘无法使用。

硬盘在使用时需要注意以下三点。

（1）读写操作时不要突然断电。在硬盘进行读写操作时，正处于高速旋转状态，如果突然断电会造成磁头与盘片之间的摩擦而损坏硬盘。

（2）关机时，注意机箱面板上的硬盘指示灯是否还在闪烁，如果仍然闪烁，则说明硬盘的读写操作还未完成，此时不宜关闭计算机，只有当硬盘指示灯停止闪烁，说明硬盘读写操作已完成，才可关机。

（3）不能自行打开硬盘盖。硬盘出现物理故障时，需要送到专业厂家进行维护。

> **温馨提示**
>
> 在户外工作时一定要配备质量可靠的不间断电源作保障；硬盘在移动或运输时最好用泡沫或海绵包装保护，尽量减少振动；用手拿硬盘的正确方法是用手抓住硬盘的两侧，并避免与其背面的电路板直接接触；当主机面板上的硬盘灯在闪烁时，千万不要重新启动计算机，这样容易让硬盘产生坏道或导致分区表出错。

5. 显卡

显卡的散热量非常大，现在市场上的独立显卡都单独带有一个散热风扇。平时使用过程中，要注意显卡风扇的运转是否正常，是否有明显的噪声或者是运转不灵活等现象，如发现上述问题，要及时更换显卡的散热风扇以延长其使用寿命。

6. 液晶显示器

液晶显示器最忌触摸液晶面板。液晶面板表面有专门的涂层，其作用是防止反光，增加观看效果。用手触摸液晶屏时手上的油脂会轻微腐蚀面板涂层，时间长了会造成面板的永久性损伤。

液晶显示器在日常使用时需注意以下六点。

（1）杜绝用手按压液晶面板或用锐器刻画。

（2）在常温、常湿环境中工作。高温、高湿会影响液晶显示器的寿命。激烈的温度波动会影响液晶显示器的性能，特别是低温会影响其亮度和响应时间。

（3）保证显示器在干净的环境中工作。灰尘过多会引起内部电路失效，还可能影响散热，导致元件老化。显示器应避免放置在密闭空间内，散热不良会加速显示器内电子元器件的老化，影响显示器的使用寿命。

（4）不要让液体溅入显示器，如需清洁显示器，应先关闭电源，然后将清洁剂喷在软布上轻轻擦拭。

（5）严禁随意拆卸液晶显示器，如遇故障请专业人员维修。

（6）长时间不使用，需要关闭显示器电源，拔掉电源插头。

•温馨提示•

显示器除尘要用专业的清洁工具，不能直接使用水和酒精，因为水的清洁效果并不明显，酒精会腐蚀液晶显示器。当显示器有不易清除的污垢后，可对着被污染部位用嘴哈热气，再配合用绒布进行擦拭清洁即可。

7. 键盘、鼠标

键盘最忌潮气、灰尘、拉拽；鼠标最忌灰尘和拉拽。

键盘在使用过程中需要注意：

（1）不要将液体洒到键盘上，否则会造成接触不良、短路、腐蚀电路等故障；

（2）按键力度应适中；

（3）不带电插拔键盘。带电插拔键盘的危害是很大的，轻则损坏键盘，重则会损坏计算机的其他部件，造成不应有的损失。

鼠标在使用过程中需要注意：

（1）避免摔打鼠标和强力拉拽鼠标线；

（2）使用鼠标时不要过度用力，以免损坏弹性开关；

（3）配置鼠标垫使用，可保持鼠标的清洁度，同时也可保证光电检测元件的敏感性。

> **温馨提示**
>
> 光电鼠标不要在强光条件下使用，也不要在反光率高的鼠标垫上使用。

7.3 计算机的定期清洁

1. 清洁计算机部件的常用工具

对计算机的清洁，需要准备的工具有十字螺丝刀、平口螺丝刀、刷子、棉质软抹布、玻璃或电视清洁剂、酒精、棉花棒、吹气球、吹风机。

2. 清洁计算机的规范步骤

（1）将计算机主机放置在干燥通风、有阳光处。

（2）用螺丝刀将主机箱打开。

（3）将风扇拆下来单独清理。

（4）用抹布和酒精进行擦拭，注意酒精的使用不可过多。

（5）用卫生纸进行二次擦拭。

（6）用吹风机吹干，防止酒精残留。

（7）用吹风机或吸尘器清洁附着在机箱内部和硬件上的灰尘。

3. 维护注意事项

（1）有些原装和品牌计算机不允许用户自己打开机箱，如擅自打开机箱可能会失去一些由厂商提供的保修权利，请用户特别注意。

（2）各个部件应轻拿轻放，特别是硬盘。

（3）拆卸各个部件时注意各部件插接线的方位，如硬盘线、电源线等，以便正确还原。

（4）用螺钉固定各个部件时，应首先对准部件的位置，然后再上紧螺钉，尤其是主板，在使用螺丝固定时，主板略有位置偏差就可能导致插卡接触不良。主板安装不平可能会导致内存条、适配卡接触不良甚至造成短路、发生主板形变，造成故障的发生。

（5）由于计算机板卡上的集成电路器件多采用 MOS 技术制造，这种半导体器件对静电高压相当敏感。当带静电的人或物触及这些器件后，就会产生静电释放，这些释放的静电高压会对器件造成损坏。日常生活中静电是无处不在的，如当你在脱下化纤衣服时会听到声响或看到闪光，此时的静电至少在 5kV 以上，是足以损坏计算机元器件的，因此维护计算机时要特别注意静电防护。在拆卸维护计算机之前必须做到：①断开所有电源；②在打开机箱前，双手应该触摸一下金属接地物（如暖气管），释放身上的静电。拿主板和插卡时，应尽量拿卡的边缘，不要用手接触卡上的集成电路；③保持使用环境的一定湿度。空气干燥也容易产生静电，家里的理想湿度应为 40%～60%；④使用电烙铁、电风扇等电器时应接好接地线。

4. 计算机部件的清洁

（1）机箱的清洁

① 机箱内部的清洁：使用吹气球将机箱内部、主板、显卡等设备上的灰尘吹走，如果灰尘较多，则需要将机箱内的板卡全部拆下来进行清洁。

② 机箱外壳的清洁：机箱外壳上的灰尘用湿抹布擦拭即可，但注意抹布尽量拧干，不要让水流入机箱。

（2）主板部件的清洁

① 主板插槽：使用吹气球将插槽内的灰尘吹出来，不要使用棉花棒、牙签等工具来清洁。

② 板卡金手指：主要指内存条、独立显卡、独立声卡等部件的金手指，可使用橡皮擦或者干净的抹布擦拭板卡金手指部分。不能用砂纸类粗糙的东西来擦拭金手指，否则会损伤到极薄的镀层。

③ 电源风扇、显卡风扇、CPU 风扇：使用吹气球吹掉风扇上的灰尘，也可直接将风扇拆卸下来清洁。注意清洁 CPU 风扇时，不要弄脏了 CPU 和散热片结合面的导热硅胶。

> **温馨提示**
>
> 对于由灰尘引起的显卡、内存金手指氧化层故障，用橡皮擦或棉花沾上酒精清洗就不会黑屏了。

（3）外置接口的清洁

计算机外置接口的清洁主要是指 USB 接口、HDMI 接口，使用吹气球吹掉里面的灰尘，不要使用酒精或棉花棒等工具进行清洁。

（4）显示器的清洁

① 显示器屏幕的清洁：将玻璃或电视清洁剂喷在干净的软抹布上，注意不要喷得太多，以免清洁剂进入显示器内部，接着用软抹布轻轻擦拭显示器的屏幕即可。

② 显示器外壳的清洁：将抹布浸湿，然后拧干到不滴水的状态后，用抹布擦拭显示器的外壳。

（5）键盘的清洁

键盘的清洁要视使用情况而定。如果仅仅是按键的表面附着了一些灰尘，那么可以在关机状态下用柔软干净的抹布擦拭键盘。按键缝隙间有污渍可用棉签清洁。

（6）鼠标光头的清洁

鼠标光头的清洁：用棉花棒蘸清洁剂或者酒精清洁鼠标的光头，保持感光板良好的感光状态。

7.4　笔记本电脑硬件的维护保养

笔记本电脑作为一种便携的移动式计算设备，虽然各大厂商在其坚固性、耐用性等方面已经做了很多的工作，但也会由于用户在使用过程中的疏忽而出现故障。因此，在日常使用过程中，用户需要做好笔记本电脑的硬件保养从而延长其使用寿命。

1. 屏幕保护

厂商会在笔记本电脑出厂前在屏幕外贴一层保护膜以达到保护液晶屏的目的，这层保护膜建议在不使用笔记本电脑时贴上，使用时再揭下来，这样可以有效地保护液晶屏外层的化学涂层，使其最外层的涂层不会过早被氧化。用户在使用笔记本电脑的过程中，不要用手指去按压液晶屏或者用硬物刻画，以免液晶屏出现问题或影响显示效果。如果笔记本电脑有指点杆，外出时将指点杆帽取下单独存放以避免顶伤屏幕。

笔记本电脑应放置在干燥整洁的环境下，否则严重的潮气会损坏液晶屏内部的元器件。特别需要注意的是，在冬天和夏天进出具有暖气或空调的房间时，由于较大的温差会导致"结露现象"发生，用户此时应避免给液晶屏通电，这样会导致液晶电极腐蚀，造成永久性的损害。如果笔记本电脑在开机前发现液晶屏表面有雾气，可使用软抹布轻擦后再开机；一旦有水分进入液晶屏，则应把笔记本电脑放在较温暖的地方以便将里面的水分蒸发掉。在梅雨季节，大家要注意定期将笔记本电脑运行一段时间，以便加热元器件以驱散潮气。

由于液晶屏比 CRT 老化速度更快，所以使用时需要格外爱护，如在电源管理界面设定笔记本电脑无响应时可自动关闭屏幕的时间间隔，或者养成在长时间不使用笔记本电脑时随手合上的习惯，减少不必要的屏幕损耗。此外，还应注意避免强阳光长时间直晒屏幕，尽量使用适中的亮度/对比度、减少长期显示固定图案（避免局部老化过度）。平时定期使用专用的软毛刷、柔软清洁的抹布等擦拭屏幕，必要时可以使用玻璃或电视清洁剂对表面污渍进行清洁。

2. 硬盘和光驱保养

硬盘和光驱是计算机中以机械运动方式工作的部件，容易损坏，因此对它的保护要格外的注意。硬盘在运转的过程中，尽量不要移动笔记本电脑。虽然笔记本电脑的抗振性比台式计算机的硬盘好很多，但两者硬盘的工作原理一样，磁头臂运转在 4200r/min 甚至更高转数的盘片上方，突然的撞击就是微小的振动都会造成严重的后果。硬盘损坏是所有硬件损坏中最常见的，因此在硬盘工作时，如文件保存、复制、移动等过程中，尽量不要使笔记本电脑产生振动，最大限度的保护好硬盘。除此以外，对于笔记本电脑中存储的重要数据，建议定期使用外部存储设备（移动硬盘、光盘刻录、网络共享等）进行数据备份，以确保在关键时刻保住重要数据。

笔记本电脑光驱结构比台式计算机的光驱精密，因此对灰尘和污渍就更加敏感，应避免使用劣质、有污渍的光盘。笔记本电脑光驱在不用时应该取出盘片，以避免光驱长时间运转，必要时可以选择使用虚拟光驱软件为其减负。笔记本电脑光驱的两侧有托盘出入用的导轨，装载盘片时用力过大、次数过多也会加剧导轨和托盘的磨损，使其间隙增大，托盘的出入就会不平稳，甚至无法弹出或合上。在装载光盘时，也可以用手轻托光驱的托盘以减缓导轨受的压力。

3. 指点设备保养

大多数笔记本电脑都自带了触摸板或鼠标杆来代替鼠标，作为常用的一种零件，需要了解这两种输入设备的日常维护技巧。

（1）触摸板的保养

触摸板一般分为两层；第一层是透明的保护层；第二层为触感层。保护层主要的功能是加强触摸板的耐磨性。由于触摸板的表面经常受到手指的按压和摩擦，所以这层的作用至关重要。注意不能使用硬物擦划保护层，这层保护膜如果被破损，会导致触摸板的耐磨性减弱，甚至造成触摸板失灵。

（2）鼠标杆的保养

鼠标杆（指点杆）最初由 IBM 发明，其好处在于节省装配空间，用户在使用鼠标杆时要注意拨动的力度以免损坏。除此以外，鼠标杆的上方都有一个橡胶头，这个橡胶头如果在使用过程中过于用力，时间长了也会变质、脱落，所以平时也要注意鼠标杆上橡胶头的保护。

4. 键盘保养

键盘是笔记本电脑使用最频繁的部件之一，很多厂商在设计、生产时都考虑到其耐用性，特别在结构上做了充分的优化，但是用户在使用过程中仍然需要注意以下两点。

（1）注意敲击键盘的力度。力度过大会对键盘按键中起支撑作用的软胶造成损坏，时间长了会出现按键按下去弹不上来的问题。

（2）保持键盘干净，定期用清洁布清除键间缝隙内的灰尘。灰尘进入键盘会影响键盘的灵敏性，过多的液体进入键盘会使线路短路，造成硬件损失。

5. 接口保养

对于笔记本电脑的各种接口，应保持清洁。例如，USB 接口、HDMI 接口等，在携带笔记本电脑外出时，也要尽量拔掉这些接口连接的扩展设备，以免这些接口产生松动、歪扭甚至折断。

6. 电池保养

电池是笔记本电脑中容易损耗的部件，正确的使用方法能够有效延长电池的寿命，在使用过程中需要注意以下两点。

（1）尽量让电池用尽后再充电，充电一定要充满后再用。这样满充满放的使用方式，可以最大限度激发、活化电池内部的化学势能，使电池实际的可用容量有所改善。

（2）定期进行电池保养。如果不能保证每次把电池用到彻底干净后，再充电，至少 1 个月进行一次标准的充放电（充满后放干净，再充满），或定期用 BIOS 内置的电池校准功能进行保养。

> **温馨提示**
>
> 如果笔记本电脑不小心浸水，千万不可贸然开机，否则会让笔记本电脑的损坏更加严重。应立刻拆下电源线及电池，如有外接或抽取式的模块零件（如扩充内存等）也要一并取下；将笔记本电脑体内的污水尽量倒光，使用绒布轻拭干净，并尽量避免磨损表面，再用吹风机将机体及零件吹干，并在第一时间内送修。

任务二　计算机软件的日常维护

任务分析：

计算机软件的功能非常强大，能够保证计算机的正常运行、能够处理各类程序语言，并且提供问题决策需要的信息服务。然而，随着计算机的使用时间越长，速度会变得越来越慢，甚至出现各种软件故障，如丢失文件、非法操作、内存冲突、内存耗尽等。在日常使用过程中只有合理维护计算机的软件资源，才能减少计算机出现故障的概率，让计算机发挥其自身功能，为我们提供更便捷的服务。

7.5　修复系统漏洞

1. 计算机漏洞的概念及特征

计算机漏洞是指在硬件、软件、协议的具体实现或系统安全策略上存在的缺陷和不足。这个缺陷或错误可以被不法者或者黑客利用，通过植入木马、病毒等方式攻击或控制整个计算机，从而窃取其中的重要资料和信息，甚至破坏整个系统。

对于计算机操作系统来说，漏洞通常具有如下特征。

（1）漏洞是操作系统本身存在的逻辑错误。因计算机操作系统设计时，设计者本身考虑不当而造成的设计错误，或者在系统设计之初并不存在的问题，随着时间的推移、技术的发展而暴露出来的缺陷，如2000年的计算机"千年虫"问题，一方面由于是某些计算机系统，对于闰年的计算和识别出现了问题，不能把2000年识别为闰年，导致此类计算机系统的日历中没有2000年2月29日，而直接由2000年2月28日到了2000年3月1日；另一方面是在一些较老的计算机系统中，使用了数字串99（或99/99等）来代表文件结束、过期、删除等一些特殊意义的操作。

（2）漏洞和时间紧密相关。计算机漏洞具有较强的时效性，一旦发现漏洞，系统设计者便会迅速提出修补方案进行完善。在补丁文件发布之后，如果用户没有及时修补漏洞，恶意用户就会利用新发现的漏洞攻击用户系统。

（3）漏洞是一种安全状态。漏洞本身不会对计算机系统造成危害。

2. 使用"360安全卫士"软件修复系统漏洞

修复系统漏洞、更新补丁有助于提高系统的安全性，下面以"360安全卫士"软件为例实现系统漏洞的修复。

（1）打开"360安全卫士"软件，如图7-2-1所示，在主界面下找到"系统修复"功能。

图 7-2-1 "360 安全卫士"主界面窗口

选择"系统修复"→"单项修复"→"漏洞修复"选项，如图 7-2-2 所示。

图 7-2-2 "360 安全卫士"的系统修复窗口

（2）等待程序扫描完，系统需要修复的漏洞文件列表如图 7-2-3 所示。

图 7-2-3　系统修复扫描窗口

（3）在列表中可以"忽略"不需要修复的文件（一般情况下不忽略），如图 7-2-4 所示。

图 7-2-4　系统修复窗口

（4）单击"一键修复"按钮，开始修复所有的系统漏洞。
（5）修复时不要勾选左下角的"修复完成自动关机"复选框，如图 7-2-5 所示。

图 7-2-5　系统修复处理窗口

> **温馨提示**
>
> 修复后应手动重启系统。

7.6 数据备份与数据恢复

随着计算机网络的飞速发展,信息安全的重要性日趋明显,但是,作为信息安全的一个重要内容——数据备份的重要性却往往被人们所忽视。只要发生数据传输、数据存储和数据交换等操作,就有可能产生数据故障。这时,如果没有采取数据备份和数据恢复手段与措施,就会导致数据的丢失。所以随时对数据进行备份、数据丢失后立即恢复数据,才是防止数据丢失的最佳解决方案。

1. 数据丢失的常见原因

(1)病毒入侵。病毒入侵计算机是数据丢失的一个非常重要的原因,如特洛伊木马、逻辑炸弹等病毒都会造成数据丢失、数据被修改、增加无用数据等问题,并且这些病毒造成的数据丢失往往是难以恢复的。

(2)计算机硬件被破坏。计算机硬件的损坏大多数是由于电压不稳或者硬件受损造成的,这种情况导致的数据丢失,若没对数据进行备份是不能被找回的。

(3)操作失误引起的数据丢失。即使不通过病毒或硬件的损坏,也有可能对数据造成不可挽回的损失,如操作失误将数据误删;对计算机设备进行格式化时,忘了备份重要数据;黑客入侵计算机删除了重要数据等。

(4)其他不可抗因素或者突发事件产生的数据丢失。

2. 数据备份和恢复遵循的原则

(1)数据备份时,应保证硬件与软件的兼容性,否则会导致数据恢复失败。

(2)使用计算机时,设置自动备份功能。

(3)设置多个备份数据的介质,做好多重保险,以确保数据能够被恢复。

3. 计算机数据备份的方式

数据备份的方式可以分为完全性备份、不完全性备份和选择性备份三种方式。

(1)完全性备份

完全性备份就是复制一个完整的数据库到另一个服务器端。这个完整的数据库包括了很多数据,如计算机用户使用过的历史文件、各种文档数据等。这种备份方式在上传时由于文件太大,会导致上传速度慢,并占用更多的存储空间。

(2)不完全性备份

不完全性备份也叫实时性备份,通过登录账号的形式,把数据库进行分类,如找一个专门的部分当作 Word 存储区域,在使用 Word 备份的过程中,就可以随时删除文件或者输入关键字寻找文件。这种方式可应用于硬件被破坏或者丢失的情况。

（3）选择性备份

定时对计算机内存中有用文件进行选择性备份，这种备份方式只占用备份空间的小部分。为了计算机数据库的安全，就要提高安全措施，定时对计算机内的文件进行备份，防止数据丢失。在备份过程中，应做好分类，这样既能方便数据恢复，也确保了数据的安全。

4. 计算机数据备份的方法

（1）使用移动存储设备

使用移动存储设备如 U 盘、移动硬盘等，对计算机上的数据进行备份，不仅安全又便于携带。只要将计算机中的重要数据复制到移动存储设备上就可以实现数据备份，当计算机上的数据丢失时，便可通过移动设备将数据找回来，如图 7-2-6 所示。

图 7-2-6　数据备份到移动设备

（2）利用云盘备份数据

利用各种网盘工具来实现计算机数据的备份，下面以百度网盘为例，讲解其备份数据的方法。

方法一：

① 登录"百度网盘"网页，在左侧导航窗口中选择"全部文件"选项，可按照分类向网盘上传文件，如图 7-2-7 所示。

图 7-2-7　"百度网盘"界面

② 单击"上传"按钮，选择"上传文件"或"上传文件夹"选项，在窗口中选择文件，并将文件上传到"百度网盘"，如图7-2-8所示。

图7-2-8 "百度网盘"上传界面

方法二：

直接下载"百度网盘"客户端，选择"我的网盘"选项上传文件即可，如图7-2-9所示。

图7-2-9 "百度网盘"客户端

（3）系统自带的"备份和还原"功能

Windows系统中有自带的"备份和还原"功能，可以直接在计算机中实现数据的备份和还原。

① 选择"控制面板"→"系统和安全"→"备份和还原"选项，如图 7-2-10 所示。

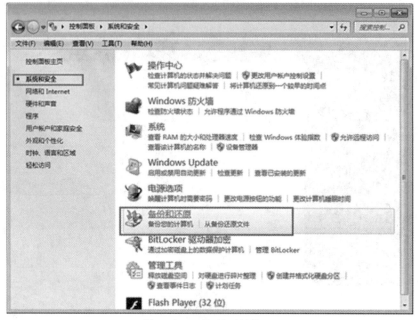

图 7-2-10　控制面板窗口

② 进入"备份和还原"窗口后，在弹出的"备份或还原文件"窗口中，单击"设置备份"按钮，如图 7-2-11 所示，弹出提示框。显示"设置备份"对话框，如图 7-2-12 所示。

图 7-2-11　"备份或还原文件"窗口

图 7-2-12 "设置备份"对话框

③ 在"设置备份"对话框中设置备份位置，可以根据实际情况选择备份的磁盘分区，推荐选择最大容量的磁盘分区。当然也可以根据网络环境选择将备份位置设置在某台服务器或计算机上，如图 7-2-13 所示。

图 7-2-13 "设置备份"对话框（1）

④ 在备份内容提示框中，如果对 Windows 系统比较了解，则选中"让我选择"单选按钮，否则默认选中"让 Windows 选择（推荐）"单选按钮，如图 7-2-14 所示。

图 7-2-14 "设置备份"对话框（2）

⑤ 在"设置备份"对话框中，可以看到备份摘要，单击"保存设置并运行备份"按钮，如图 7-2-15 所示。

图 7-2-15 "设置备份"对话框（3）

设置完成后，Windows 会自动进行备份工作，等待备份完成即可。

（4）使用 Ghost 软件进行全盘备份

Ghost 是使用得比较多的一款全盘备份软件。可以利用该软件做全盘镜像，这样数据丢失时就可以直接实现全盘数据的还原。Ghost 全盘备份的过程如下。

① 开机进入 BIOS，将启动设置为 U 盘启动。通过系统修复 U 盘运行 Ghost，如图 7-2-16 所示，然后在弹出的窗口中单击"OK"按钮。

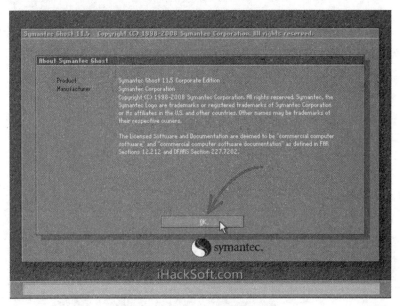

图 7-2-16　Ghost 主程序界面

② 选择"Local"→"Partition"→"To Image"选项，如图 7-2-17 所示。

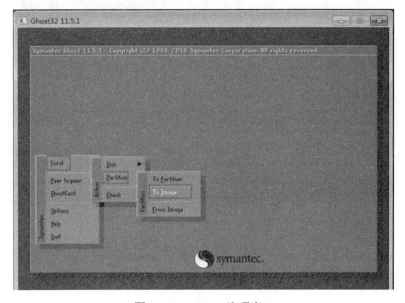

图 7-2-17　Ghost 选项窗口

③ 选择要备份的硬盘，然后单击"OK"按钮，如图 7-2-18 所示。

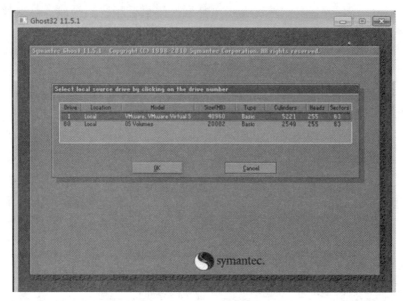

图 7-2-18　Ghost 备份硬盘的选择窗口

④ 选中所有需要备份的磁盘，然后单击"OK"按钮，如图 7-2-19 所示。

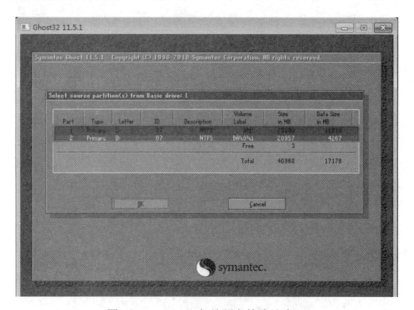

图 7-2-19　Ghost 备份硬盘的确认窗口

⑤ 在图 7-2-20 所示界面中，选择备份镜像要保存的位置，然后单击"Save"按钮。

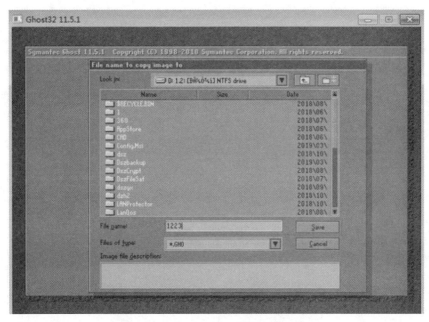

图 7-2-20　Ghost 备份镜像的保存位置

⑥ 在弹出的窗口中单击"Fast"按钮进行快速备份，然后单击"Yes"按钮，进度条为 100%时代表备份完成，如图 7-2-21 和图 7-2-22 所示。

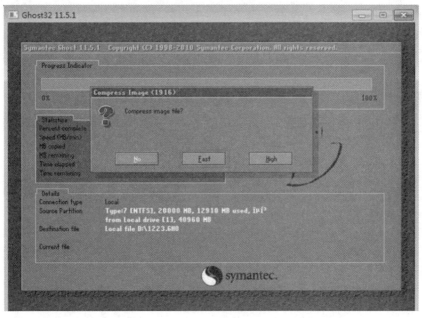

图 7-2-21　Ghost 备份窗口

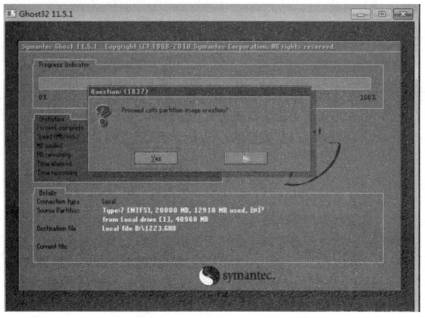

图 7-2-22　Ghost 备份完成

5. 计算机数据还原的方法

（1）使用数据恢复软件找回计算机中未备份且丢失的数据

如果计算机中的数据没有备份又丢失了，可以尝试借助一些数据恢复软件找回这些数据，如强力数据恢复软件，该软件的使用方法比较简单。

① 打开软件，根据需求选择扫描方式，如图 7-2-23 所示。

图 7-2-23　"强力数据恢复软件"界面

② 选择需要恢复数据的磁盘分区，如图 7-2-24 所示。

图 7-2-24　磁盘分区选择

③ 软件会对该磁盘下丢失的文件进行扫描，如图 7-2-25 所示。

图 7-2-25　丢失数据的扫描窗口

④ 选中需要恢复的文件，单击"下一步"按钮，打开如图 7-2-26 所示的窗口。选择一个路径存放恢复的文件，并单击"恢复"按钮，即可将丢失的数据恢复。

图 7-2-26　恢复路径选择窗口

（2）利用 Ghost 软件恢复已经备份的数据

如果计算机硬盘中已经备份的分区数据受到损害，用一般数据修复的方法不能修复，或系统被破坏后不能启动，都可以用早期备份的数据进行完全的复原。

例如：将存放在 E 盘根目录下原 C 盘的镜像文件 cwin7-GHO 恢复到 C 盘的过程。

① 开机进入 BIOS，将启动设置为 U 盘启动。通过系统修复 U 盘运行 Ghost，如图 7-2-27 所示。

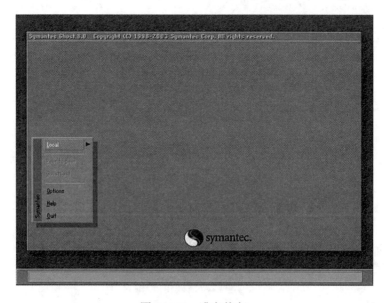

图 7-2-27　准备恢复

② 选择"Local"→"Partition"→"From Image"选项，如图 7-2-28 所示。

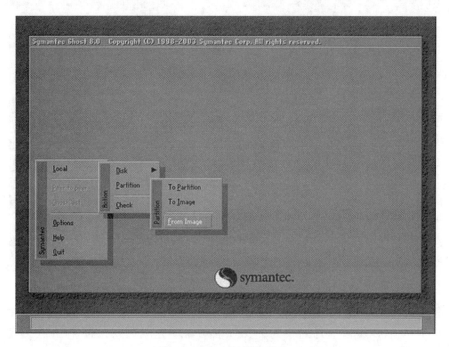

图 7-2-28　选择恢复镜像

③ 按"Enter"键确认后，显示如图 7-2-29 所示下拉菜单。

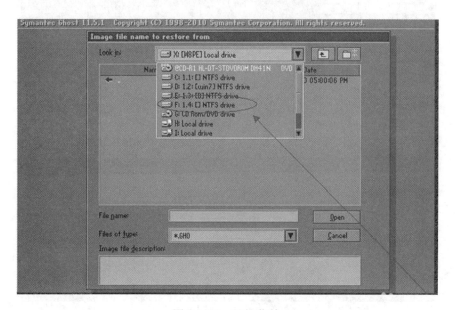

图 7-2-29　下拉菜单

④ 选择镜像文件所在的分区，镜像文件 cwin7-GHO 存放在 E 盘（第一个磁盘的第三个分区）根目录，所以这里选择"F:1.4:[ ] NTFS drive"选项，按"Enter"键确认后，显示如图 7-2-30 所示。

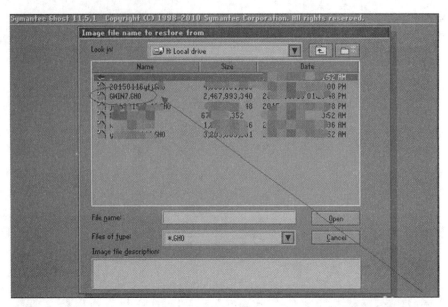

图 7-2-30　选择源文件所在分区

⑤ 确认选择分区后，内容窗口中会显示该分区的目录，用方向键选中镜像文件"GWIN7.GHO"后，镜像文件名栏内的文件名可自动完成输入，按"Enter"键确认后显示如图 7-2-31 所示。

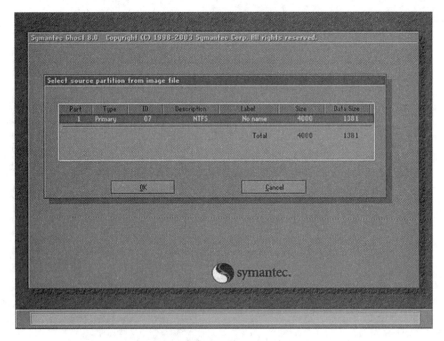

图 7-2-31　原分区文件信息

⑥ 显示选中镜像文件备份时的备份信息（从第 1 个分区备份，该分区为 NTFS 格式，大小为 4000MB，已用空间 1381MB），确认无误后，单击"OK"按钮，显示如图 7-2-32 所示。

项目七　计算机的日常维护与保养

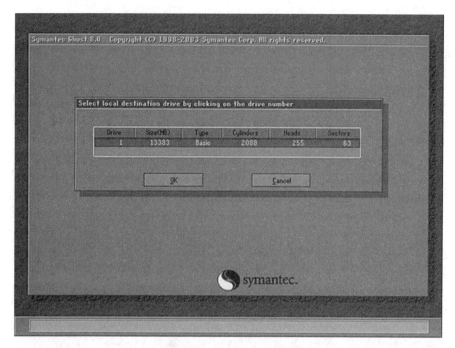

图 7-2-32　选择目的硬盘

⑦ 选择将镜像文件恢复到哪个硬盘，这里只有一个硬盘，不用选，单击"OK"按钮，显示如图 7-2-33 所示。

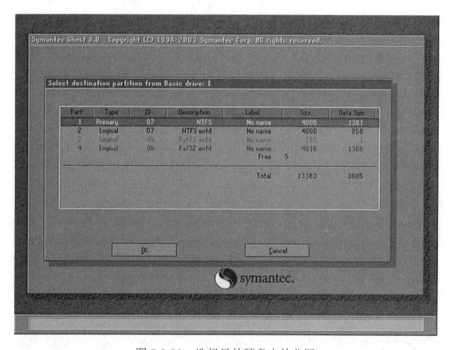

图 7-2-33　选择目的硬盘中的分区

⑧ 选择要恢复到的分区，此处要将镜像文件恢复到 C 盘（第一个分区），所以这里选

第一项，单击"OK"按钮，显示如图 7-2-34 所示。

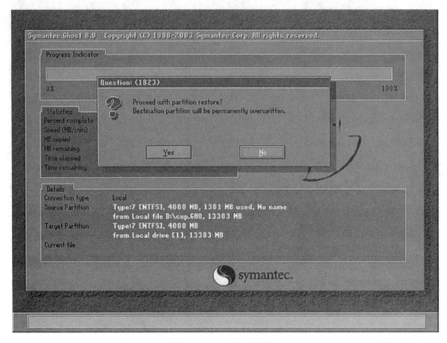

图 7-2-34　是否恢复

⑨ 提示即将恢复，会覆盖选中分区破坏现有数据！这里单击"Yes"按钮开始恢复，如图 7-2-35 所示。

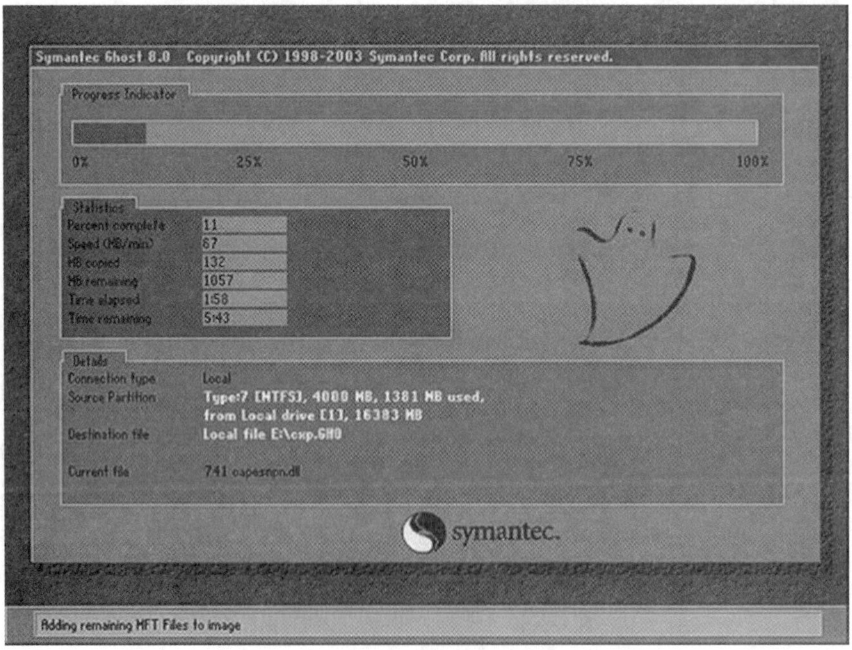

图 7-2-35　恢复进度

⑩ 正在将备份的镜像恢复，完成后的提示信息如图 7-2-36 所示。

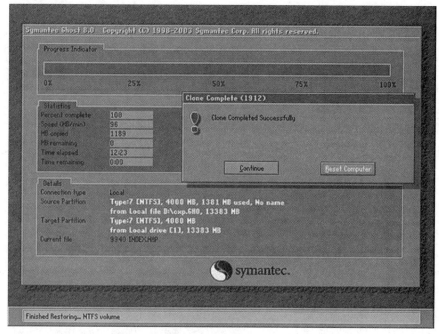

图 7-2-36　恢复完成

⑪ 数据恢复完成后，取出系统修复的 U 盘，按"Enter"键，系统重新启动，启动后，系统数据恢复到和原备份时一样的状态。

7.7　查杀计算机病毒

1.　计算机病毒概述

计算机病毒是人为制造的、有破坏性又有传染性和潜伏性、对计算机信息或系统起破坏作用的程序。它不是独立存在的，而是隐蔽在其他可执行的程序中。计算机中病毒后，轻则影响机器运行速度，重则死机，系统被破坏；因此，计算机病毒会给用户带来很大的损失，通常情况下，我们称这种具有破坏作用的程序为计算机病毒。

2.　计算机病毒的种类

（1）引导型病毒

引导型病毒指寄生在磁盘引导区或主引导区的计算机病毒。该类型的病毒利用系统引导时，不对主引导区的内容正确与否进行判别的缺点，在引导系统的过程中侵入系统、驻留在内存，并监视系统运行。按照引导型病毒在硬盘上的寄生位置又可细分为主引导记录病毒和分区引导记录病毒。主引导记录病毒感染硬盘的主引导区，如大麻病毒、2708 病毒、火炬病毒等；分区引导记录病毒感染硬盘的分区引导区，如小球病毒、Girl 病毒等。

（2）文件型病毒

文件型病毒主要感染计算机中的可执行文件（.exe）和命令文件（.com）。它对计算机的源文件进行修改，使其成为新的带毒文件。一旦计算机运行该文件就会被感染，从而达到传播的目的。

（3）宏病毒

宏病毒是一种寄存在文档或模板宏中的计算机病毒。一旦打开这样的文档，其中的宏就会被执行，于是宏病毒被激活后，转移到计算机上，并驻留在 Normal 模板上。从此，所有自动保存的文档都会"感染"上这种宏病毒，如果其他用户打开了感染病毒的文档，也就会被其"感染"。

（4）混合型病毒

混合型病毒是指具有引导型病毒和文件型病毒寄生方式的计算机病毒，其破坏性更大，传染的机会也更多，杀灭也更困难。这种病毒扩大了病毒程序的传染途径，它既感染磁盘的引导记录，又感染可执行文件。当感染有此种病毒的磁盘用于引导系统或调用执行染毒文件时，病毒都会被激活。

（5）特洛伊木马病毒

特洛伊木马（木马）病毒是隐藏在系统中的用以完成未授权功能的非法程序，是黑客常用的一种攻击工具。它伪装成合法程序，植入系统，对计算机网络安全构成严重威胁。特洛伊木马不以感染其他程序为目的，一般也不使用网络进行主动复制传播。

特洛伊木马病毒是基于 C/S（客户/服务器）结构的远程控制程序，是一类隐藏在合法程序中的恶意代码，这些代码或者执行恶意行为，或者为非授权访问系统的特权功能提供后门。使用特洛伊木马病毒的过程大致分为两步：首先，把特洛伊木马病毒的服务器端程序通过网络远程植入受控机器，然后通过安装程序或者启动机制使特洛伊木马病毒程序在受控的机器内运行。一旦特洛伊木马病毒成功植入，就形成了基于 C/S 结构的控制架构体系，服务端程序位于受控机器端，客户端程序位于控制机器端。

（6）Internet 语言病毒

Internet 语言病毒是利用 Java、VB 和 ActiveX 等的特性来撰写的病毒，这种病毒虽不能破坏硬盘上的资料，但用户使用浏览器浏览含有带病毒的网页时，就会在不知不觉中让病毒进入计算机，并被通过网络窃取个人信息或使计算机系统资源利用率下降，造成死机等现象。

3. 计算机感染病毒的症状

计算机用户在运行系统时，要定期用反病毒软件进行检测，以便及时发现，并进行处理。当发生下列 10 种现象时，计算机就有可能感染了病毒：

（1）计算机屏幕出现异常显示；

（2）文件丢失或损坏；

（3）计算机系统中文件的长度发生了改变；

（4）程序运行发生异常；

（5）磁盘的空间明显变小；

（6）系统运行速度明显减慢；

（7）计算机系统经常无故死机；

（8）访问外设时发生异常，如不能正确打印等；

（9）文件无法正确读取、复制或打开；

（10）系统异常重新启动。

4. 常见杀毒软件介绍

国内常见的杀毒软件有360杀毒、腾讯电脑管家、百度杀毒等；国外的杀毒软件有卡巴斯基、诺顿、McAfee等。

5. "360杀毒"软件的安装与使用

"360杀毒"软件的特点是安全、永久免费，无须激活码，系统占用资源较少。

（1）"360杀毒"软件的安装

打开"360杀毒"软件官网（https://sd.360.cn/），在窗口中单击"正式版"按钮，下载杀毒软件。下载完成后，打开文件夹，找到下载的"360杀毒"软件安装程序，如图7-2-37所示。

图7-2-37　"360杀毒"软件的下载页面

双击"360杀毒"软件打开安装程序，根据需要更改安装路径后，勾选"阅读并同意"复选框，并单击"立即安装"按钮，如图7-2-38所示。

·温馨提示·

如果计算机中已经安装了其他杀毒软件，需要先卸载原来的杀毒软件，否则两个杀毒软件会有冲突。

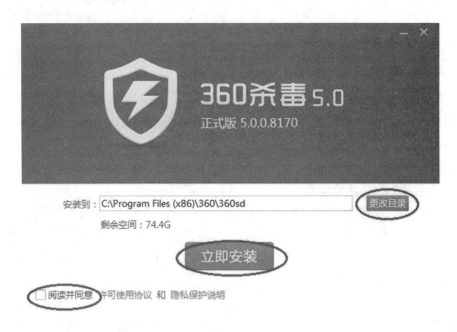

图 7-2-38 "360 杀毒"软件的安装

安装完成后会提示重启计算机,重启计算机后,启动"360 杀毒"软件窗口如图 7-2-39 所示。

图 7-2-39 "360 杀毒"软件窗口

(2)"360 杀毒"软件的使用

重启计算机后,打开"360 杀毒"软件,单击右上角的设置,如图 7-2-40 所示。

项目七　计算机的日常维护与保养

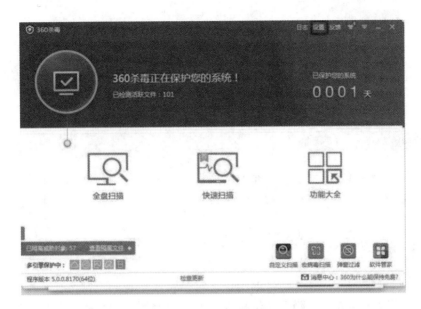

图 7-2-40　"360 杀毒"软件的设置

在弹出的"360 杀毒-设置"对话框中，选择"病毒扫描设置"选项，在"发现病毒时的处理方式"选项组中选中"由 360 杀毒自动处理"单选按钮，这样能避免对病毒处理不及时而出现问题，如图 7-2-41 所示。

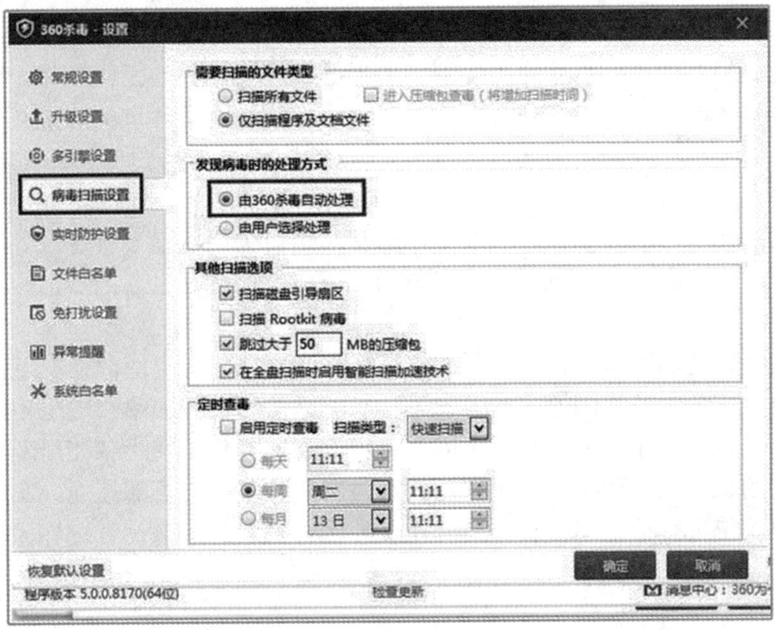

图 7-2-41　360 杀毒软件设置窗口

"360 杀毒"软件可提供全盘扫描和快速扫描两种类型。全盘扫描是对系统彻底检查，计算机中的每个文件都会被检查，所以需要的时间较长。快速扫描只扫描计算机中的关键位置和易受特洛伊木马病毒攻击的位置。

任务三　计算机网络的日常维护

任务分析：

随着计算机网络的飞速发展，各种网络问题越来越多。如何有效地做好计算机网络的日常维护工作，确保网络安全稳定的运行，这是网络维护人员一项非常重要的工作。

7.8　网络设备维护

网络设备日常维护是一种预防性的维护。它是指在设备的正常运行过程中，为及时发现并消除设备所存在的缺陷或隐患、维持设备的健康水平，使系统能够长期安全、稳定、可靠地运行，而对设备进行的定期检查与保养。

1. 网络设备的硬件维护

网络设备在硬件方面的日常维护工作主要包括：清洁、散热、防雷、防静电、检查设备各部件的运行情况。

（1）清洁状况

设备外壳、设备内部、机架内防尘网、地板等都应干净整洁无明显尘土附着。设备除尘时，可打开设备的外壳，对内部板卡中的灰尘进行逐一清洁。机柜防尘网，应及时清洁或更换，以免影响机柜及风扇的通风、扇热。

（2）散热状况

设备正常工作时，应要求保持风扇正常运转，擅自关闭风扇会引起设备温度升高，并可能损坏设备。不要在设备通风口处放置杂物，还应定期清理风扇的防尘网。

（3）防雷

雷电对网络设备的破坏是致命的。网络设备在高电压、高电流的情况下会造成接口电路损坏、保险烧坏、主芯片烧毁等情况发生。有时雷击所造成的感应电压不足以一次击坏设备，但常年累月的过压冲击，容易造成设备零件加速老化，使设备使用寿命急剧下降，严重影响网络的稳定性。预防雷击应做到：确保网络设备外壳可靠接地，在雷雨季节到来之前对各接地系统进行检查和维护。检查连接处是否紧固、接触是否良好、接地体附近地面有无异常。

（4）防静电

静电也很容易造成设备的硬件损坏。静电能产生极高的电压将晶体管击穿，产生的瞬间电流能将连线熔断。秋冬季节应保持机房内空气的湿度。在对设备进行硬件的日常维护时，要带上防静电手套或者防静电手环。如果条件不允许，可以先切断设备电源，并将手放在墙壁或水管上接触一会儿，放掉自身静电。

(5)防断电

网络设备工作过程中会出现电压忽高忽低的不稳定和时断时续的问题,会导致局域网中的路由器、交换机、服务器等各类设备无法正常工作,轻则影响网络质量,长期如此会大大缩短设备的寿命。为保障网络设备的正常运行,应配备性能优良稳定的 UPS 电源系统。它可以解决电网存在的如断电、雷击尖峰、浪涌、频率振荡、电压突变、电压波动、频率漂移、电压跌落、脉冲干扰等问题。

UPS 虽然使用简单但需要科学的保养才能延长其寿命,长期满载状态将直接影响 UPS 寿命,一般情况下,在线式 UPS 的负载量应该控制在 70%～80%,而后备式的 UPS 的负载量应该控制在 60%～70%。另外,还要保护好蓄电池,其要求在 0～30℃环境中工作,在 25℃时效率最高。因此,冬夏季一定要注意 UPS 的工作环境,温度高了会缩短电池寿命,温度低了,将达不到标称的延时,最好把 UPS 放在通风散热良好的地方。另外,还要定期进行维护,如果当地长期不停电,必须定期每三个月人为中断供电一次,使 UPS 带负载放电。

(6)设备各个部件的运行状态

设备各个部件的运行状态有两种观察方法:一是观察设备面板上各指示灯的状态;二是登录设备界面进行查看。

2. 网络设备软件及数据配置的维护

除了对网络硬件设备进行日常维护,对网络设备告警及数据配置的维护也非常重要。

计算机软件日常维护

(1)告警信息

正常情况下,网络设备应该无告警信息。如果有告警,应做好记录,对严重的告警信息应立即分析并处理。

(2)日志信息

正常情况下,日志中不应该有大量重复的信息。如果有,则需要对重复日志信息进行分析处理。

(3)CPU 占用率

正常情况下,CPU 占用率应低于 80%,如果 CPU 占用率长时间过高,应检查设备并分析原因。

(4)内存占用率

正常情况下,内存的占用率应低于 80%,且"the current state"项应显示为"Normal",如果内存占用率长时间过高,应检查设备并分析原因。

(5)设备接口流量

把设备当前流量和接口带宽比较,如果使用率超过端口带宽的 80%,则需要记录并确认。同时检查接口的上行方向和下行方向是否有错误统计,重点关注错误统计的增长情况。

(6)接口、链路状态

正常使用的接口、链路状态为"up",未使用的接口为"shutdown"。

(7)调试开关

查看设备当前的调试信息"debugging"开关是否关闭。正常情况下,所有调试信息开关状态都应为关闭。

（8）配置文件

查看设备当前的配置信息和保存配置信息是否一致，运行配置需要与保存过的配置相同。

（9）管理级用户控制

系统必须配置超级用户密码，要求是密文的格式并对密码设置的复杂度有所要求。

（10）Telnet 登录控制

Telnet 口令和特权用户的口令设置要不同，并使用密文格式，密码设置不能过于简单。

（11）Telnet 和串口登录

设备可通过 Telnet 和串口登录，并设置 Telnet 和串口这两种方式都能正常登录。

（12）更改用户口令

为了系统安全，设备的用户密码必须定期更换，并且要求是密文方式的，一般建议一个季度更换一次密码。

（13）接口配置

检查接口的状态和接口下的配置。不允许状态为"down"的接口下有配置（除"shutdown"之外）；不允许状态为"up"的接口下无配置。

（14）接口描述

所有激活接口都应使用规范性描述，如果没有相应的规范，则按照下列规则进行描述。接口描述规则为本端设备名—本端端口号→对端设备名—对端端口号—//端口速率。

（15）接口模式

检查接口的配置，本端接口模式（包括速率、双工模式）必须与对端保持一致。本端接口的实际工作模式必须与对端一致。

（16）系统时间

查询设备系统日期时间，时间应与当地实际时间一致（时差不大于 5 分钟）。

3. 日志备份

（1）日志记录

网络设备在维护和检查工作结束后，应该进行记录，并定期将设备的配置进行备份，以便日后进行查阅和复检。记录检修日志时应当把检修部位、发现问题、处理情况和各种数据进行详细的记录。

（2）备份

路由器、交换机、防火墙等配置文件可以在 Telnet 程序中使用"set logfile X:\XXXX.log"命令（logfile 后面是路径及记录文件的文件名），开启输出信息记录功能，记录设备的操作记录，服务器和工作站则可以使用数据库备份专用软件进行备份。备份文件建议使用当前日期作为文件名。

7.9 网络安全维护

随着网络应用的不断增多，网络安全问题也日渐突出，由于计算机网络具有多样性、开放性、互联性等特点，致使计算机网络容易遭受病毒、黑客、恶意软件等攻击。因此，网络安全措施显得尤为重要，只有针对各种不同的威胁或攻击采取必要的措施，才能保证网络信息的安全性、可靠性和保密性。

1. **威胁计算机网络安全的因素**

计算机网络存在的威胁主要表现为以下五个方面。

（1）非授权访问

非授权访问指未经授权使用网络资源或以未授权的方式使用网络资源，主要包括非法用户进入网络或系统进行违法操作以及合法用户以未授权的方式进行操作，如 IP 地址欺骗攻击，攻击者使用未经授权的 IP 地址来配置网上计算机，以达到非法使用网络资源或隐藏身份从事破坏性活动的目的。

（2）信息泄露或丢失

敏感数据在有意或无意中被泄露或丢失，通常包括信息在传输中丢失或泄露、信息在存储介质中丢失或泄露、通过建立隐蔽隧道窃取敏感信息等，如，黑客利用电磁泄漏或搭线窃听等方式可截获机密信息。通过对信息流向、流量、通信拼读和长度等参数的分析，推出有用信息，如用户账号、口令等。

（3）破坏数据的完整性

以非法手段获取数据的使用权并通过删除、修改、插入或重发某些重要信息的方式，取得有益于攻击者的响应；通过恶意添加、修改数据，以干扰用户的正常使用。

（4）拒绝服务攻击

拒绝服务攻击即是攻击者想办法让计算机或网络无法提供正常的服务，常见的攻击行为有网络带宽攻击和连通性攻击。带宽攻击指以极大的通信量冲击网络，使得所有可用网络资源都被消耗殆尽，最后导致合法的用户请求无法通过；连通性攻击指用大量的连接请求冲击计算机，使所有可用的操作系统资源被消耗殆尽，最终计算机无法再处理合法用户的请求。

（5）利用网络传播病毒

利用网络传播计算机病毒，其破坏性远远高于单机系统，而且用户难以防范。

2. **网络安全维护的方法与技术**

网络安全问题要从网络规划阶段制定各种策略并在实际运行中加强管理。加强网络安全管理，对网络安全采取防范措施是非常必要的，常见的防范措施如下：

（1）计算机病毒防治

计算机中必须安装杀毒软件，并保证该软件能及时更新并正确维护，定期升级病毒软件非常重要。在病毒入侵系统时，对于病毒库中已知的病毒或可疑程序、可疑代码，杀毒软件可以及时地发现，并向系统发出警报，准确地查找出病毒的来源，大多数病毒能够被清除或隔离。对于不明来历的软件、程序及陌生邮件，不要轻易打开或执行。感染病毒后要及时修补系统漏洞，并进行病毒检测和清除。

（2）防火墙技术

防火墙通过软件和硬件相结合，能在内部网络与外部网络之间构建起一个保护层，网络内外的所有通信都必须通过此保护层进行检查与连接，只有授权允许的通信才能获准通过保护层。防火墙可以有效阻止外界对内部网络资源的非法访问，也可以控制内部对外部特殊站点的访问。当然，防火墙不是万能的，应尽量少开端口，采用过滤严格的 Web 程序及加密 HTTP 协议管理好内部网络用户，经常升级，这样可以更好地利用防火墙保护网络的安全。

(3) 入侵检测技术

入侵检测技术是指从各种各样的系统和网络资源（系统运行状态、网络流经等）中采集信息，并对这些信息进行分析和判断。通过检测网络系统中发生的攻击行为或异常行为，入侵检测系统可以及时发现并进行阻断、记录、报警等响应，从而将攻击行为带来的破坏和影响降到最低。基于网络的 IDS（入侵检测系统）可以提供全天候的网络监控，帮助网络系统快速发现网络攻击事件，提高信息安全基础结构的完整性。IDS 能够分析网络中的分组数据流，当检测到未经授权的活动时，IDS 可以向管理控制台发送警告，其中含有详细的活动信息，还可以要求其他系统（如路由器）中断未经授权的进程。IDS 被认为是防火墙之后的第二道安全闸门，它能在不影响网络性能的情况下对网络进行监听，从而提供对内部攻击、外部攻击和误操作的实时保护。

(4) 安全漏洞扫描技术

安全漏洞扫描技术可以自动检测远程或本地主机安全性上的弱点，让网络管理人员能在入侵者发现安全漏洞之前，找到并修补这些安全漏洞。安全漏洞扫描软件有主机漏洞扫描、网络漏洞扫描，以及专门针对数据库做安全漏洞检查的扫描器。各类安全漏洞扫描器都要注意安全资料库的更新，因为操作系统的漏洞随时都在发布，所以只有及时更新才能完全地扫描出系统的漏洞，阻止黑客的入侵。

(5) 数据加密技术

数据加密技术用于保证数据在存储和传输过程中的保密性。它通过加密密钥及加密函数的转换将信息转换成密文，然后对密文进行存储或传输，即使这些密文信息在存储或者传输过程中被非授权用户获得，也可以保证这些信息不被其识别，从而达到保护信息的目的。

(6) 网络入侵诱骗技术

网络入侵诱骗技术是设置一个本身具有漏洞的系统，诱骗入侵者攻击系统。入侵者在攻击系统的同时会留下痕迹，日志服务器便可以记录相关信息。技术人员以此可分析出攻击者信息，避免入侵者攻击真实的服务器。

(7) 网络安全管理防范措施

对于计算机网络安全问题需要采取多种技术手段和措施进行防范，同时管理工作也很重要。规划网络的安全策略、确定网络安全工作的目标和对象、控制用户的访问权限、制定书面或口头规定、落实网络管理人员的职责、加强网络的安全管理、制定有关规章制度等方面管理，对于确保网络的安全、可靠运行将起到十分有效的作用。网络安全管理策略包括确定安全管理等级和安全管理范围；指定有关网络操作使用规程和人员出入机房管理制度；制定网络系统的维护制度和应急措施等。

项目小结

本项目介绍了计算机软/硬件及计算机网络的日常维护与保养方法。在学习过程中需要注意以下五点：（1）在计算机使用过程中要注意计算机的工作环境及正确的开关机顺序；（2）定期做好计算机的清洁工作；（3）无论是对系统进行优化设置，还是对系统进行维护，都要养成"先备份后操作"的良好习惯；（4）Ghost 是实现硬盘或分区备份的一款非常实用的软件，可以轻松地将磁盘上的内容备份到镜像文件中，也可以快速地把镜像文件恢复到磁盘；（4）对计算机软件系统的维护，单靠几个工具软件是不能完全达到目的的，应深入了解软件系统的本质，明确哪些操作可能对系统的稳定性带来不利的影响，尽量避免，这才是软件维护的精髓所在；（5）网络设备日常维护是一种预防性的维护。它是指在设备的正常运行过程中，为及时发现并消除设备所存在的缺陷或隐患，从而使系统能够长期安全、稳定、可靠地运行而对设备进行的定期检查与保养。

思考与练习

1. 计算机日常使用过程中有哪些注意事项？
2. 简述计算机漏洞的概念及特征。
3. 试分析计算机中数据丢失的主要原因。
4. 简述计算机中数据备份的方式。
5. 什么是计算机病毒？计算机病毒的种类有哪些？
6. 影响计算机网络安全的因素有哪些？

实　　训

1. 选用合适的工具，对计算机进行一次全面维护，维护工作完成后，开机检查计算机能否正常工作。
2. 运用 Ghost 软件进行磁盘的备份和恢复操作，并写下操作过程。
3. 使用"360杀毒"软件完成系统漏洞的修复及全盘病毒的查杀工作。

参 考 文 献

[1] https://baike.baidu.com/.
[2] https://baike.so.com/.
[3] https://www.pconline.com.cn/.
[4] http://www.zol.com.cn/.
[5] https://www.expreview.com/.
[6] https://www.bilibili.com/.
[7] https://wenku.baidu.com/.
[8] 甘志勇、易廷伟. 计算机组装与维护. http://mooc1.chaoxing.com/course/88416249.html.
[9] 王磊. 计算机的硬件维护与保养，价值工程. 2010-21.
[10] 戚斌. 浅谈计算机数据备份和数据恢复技术分析，电子技术与软件工程. 2017-01.
[11] 王中生，陈国绍，高加琼. 计算机组装与维护[M]. 3 版. 北京：清华大学出版社，2015.
[12] 夏丽华，吕咏. 计算机组装与维护标准教程（2018—2020 版）[M]. 北京：清华大学出版社，2018.
[13] 黑马程序员. 计算机组装与维护[M]. 北京：人民邮电出版社，2019.